1時間でわかるパワーポイント

スライド作り&プレゼンはこれでカンペキ!

稲村暢子 著

技術評論社

本書について

スライド作りからプレゼンまで1時間でマスター！

ビジネスシーンにおいて、パワーポイントは、プレゼンや企画書・資料の作成などで欠かせないツールになっています。

この「スピードマスター　1時間でわかる」シリーズは、1時間で読めて、理解できることをコンセプトにつくられています。したがって、本書のねらいは、1時間でスライド作成からプレゼンテーション実行までの流れを理解して、初めてでもパワーポイントを使ったプレゼンができるようになることです。

そのため、「プレゼンテーションには何が大事か？」といった概念的なことではなく、パワーポイントを使えるようになることに重点を置き、見やすいスライドを作成するのに、最低限覚えておけばよい機能に絞って解説しています。また、「アニメーションは多用しない」などの、やってはいけないポイントも入れています。

本書は、用途別に章やセクションを分けているので、知りたい機能を見つけやすくなっています。また、右側のページに文章、左側のページに画面・図を配置して、見開きページで1つの項目が完結するようにしているので、ちょっとした空き時間でも、さっと手に取って読むことができます。左側のページに配置した画面には、操作手順も提示して、パワーポイントの初心者の方にもわかりやすいようにしてあります。ただし、文字の入力やフォントサイズの変更方法、ファイルの保存といったオフィスソフトの基本機能については解説していません。

本書で紹介した機能以外にも、パワーポイントには便利な機能や、効率アップのための機能がたくさんあります。本書をきっかけに、パワーポイントをどんどんマスターして、さらにレベルアップしてください。

[サンプルデータダウンロード]
本書内で解説しているサンプルは以下の URL からダウンロードできます。
https://gihyo.jp/book/2022/978-4-297-12940-8/support

Chapter 1

パワーポイントの基本操作

Contents

Chapter 2 図形と画像の便利な使い方

Chapter 3

グラフと表を完全理解

Contents

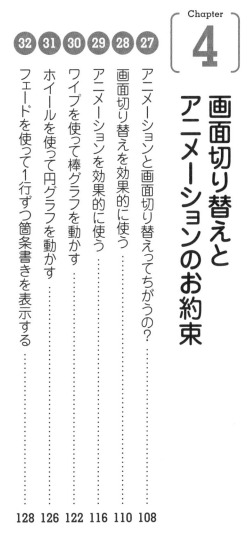

Chapter 4 画面切り替えとアニメーションのお約束

Chapter 5

スライド印刷とプレゼンの便利技

Chapter

1

パワーポイントの基本操作

Section 01

最初にスライドサイズを設定する

画面の縦横比に合わせよう

新しいプレゼンテーションを作成したら、始めにスライドのサイズを設定しよう。プレゼンテーションを完成させてからサイズを変更すると、レイアウトが崩れてしまうことがあるからだ。

スライドのサイズは、［デザイン］タブの［スライドサイズ］から、［標準（4：3）］または［ワイド画面（16：9）］を選択する。プレゼンテーション本番のときに使用するディスプレイやスクリーンの縦横比に合わせよう。不明な場合は、現在のディスプレイはワイド画面が多いので、［ワイド画面（16：9）］に設定しておくのがおすすめだ。

また、スライドの使用目的が、配布資料として印刷するだけなら、［ユーザー設定のサイズ］からほかのサイズを指定することもできる。ただし、［スライドのサイズ指定］で［A4］を指定しても、実際のスライドサイズはA4よりも小さくなるため、注意が必要だ。

画面に合わせてスライドのサイズを指定

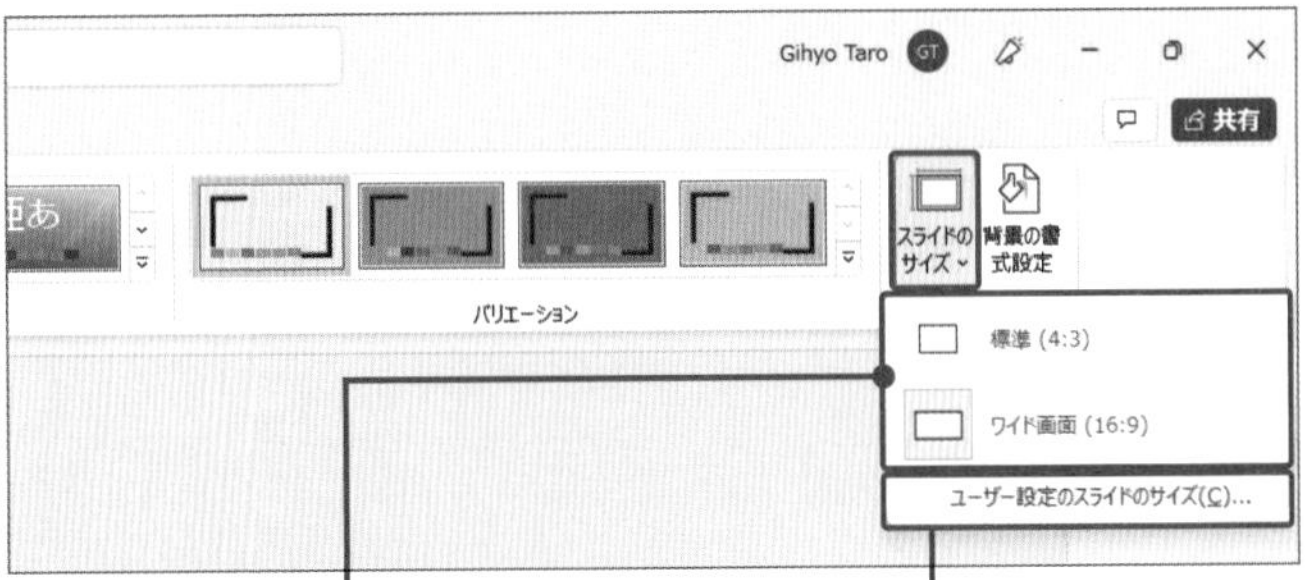

ディスプレイの縦横比に合わせて
スライドのサイズを指定する

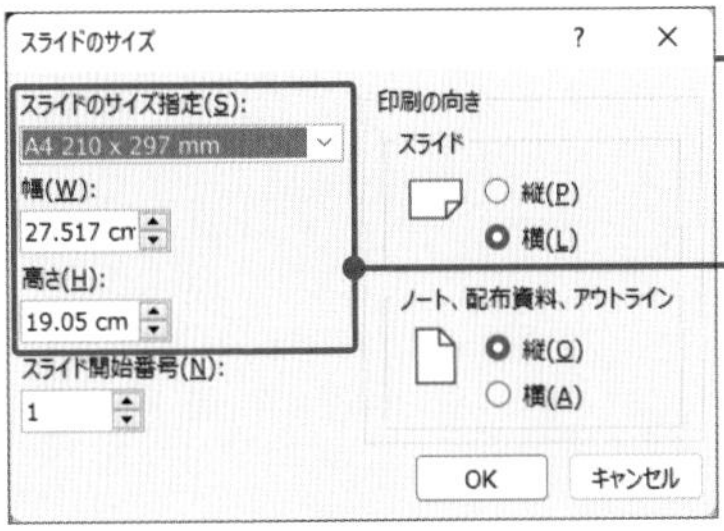

[A4] に指定しても、
実際のサイズは
A4にならないので注意

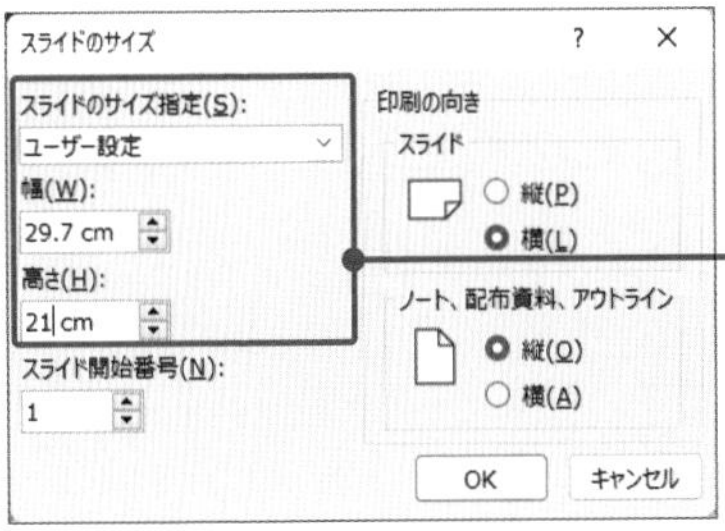

A4にしたい場合は、
[ユーザー設定] で
29.7cm×21cmに
指定する

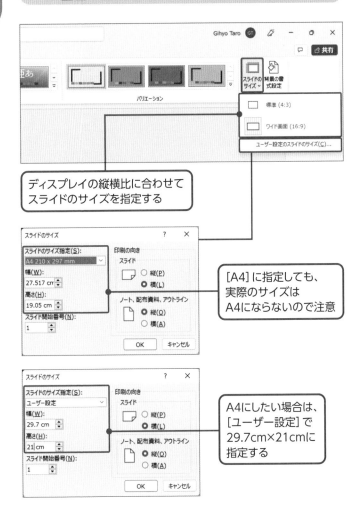

Section 02

フッターに共通情報を入力しておく

共通する項目にフッターが有効

会社名やクレジット表記、日付など、すべてのスライドに表示したい項目は、スライド1枚ずつに入力するのではなく、**フッター**を利用して、効率よく挿入しよう。

フッターの挿入は、テキストの入力やオブジェクトの配置の前に行っておくほうがよい。スライドを完成させてからフッターを挿入すると、フッターとオブジェクトが重なってしまったり、レイアウトが崩れてしまったりすることがあるからだ。あらかじめフッターを挿入して、領域がわかるようにしておけば、フッターを避けてオブジェクトを配置することができる。

フッターは、［挿入］タブの［ヘッダーとフッター］をクリックすると表示される［ヘッダーとフッター］ダイアログボックスの［スライド］タブで設定する。

また、スライドの通し番号（**スライド番号**）も［ヘッダーとフッター］ダイアログボックスから挿入できる。

日付や会社名はフッターで挿入

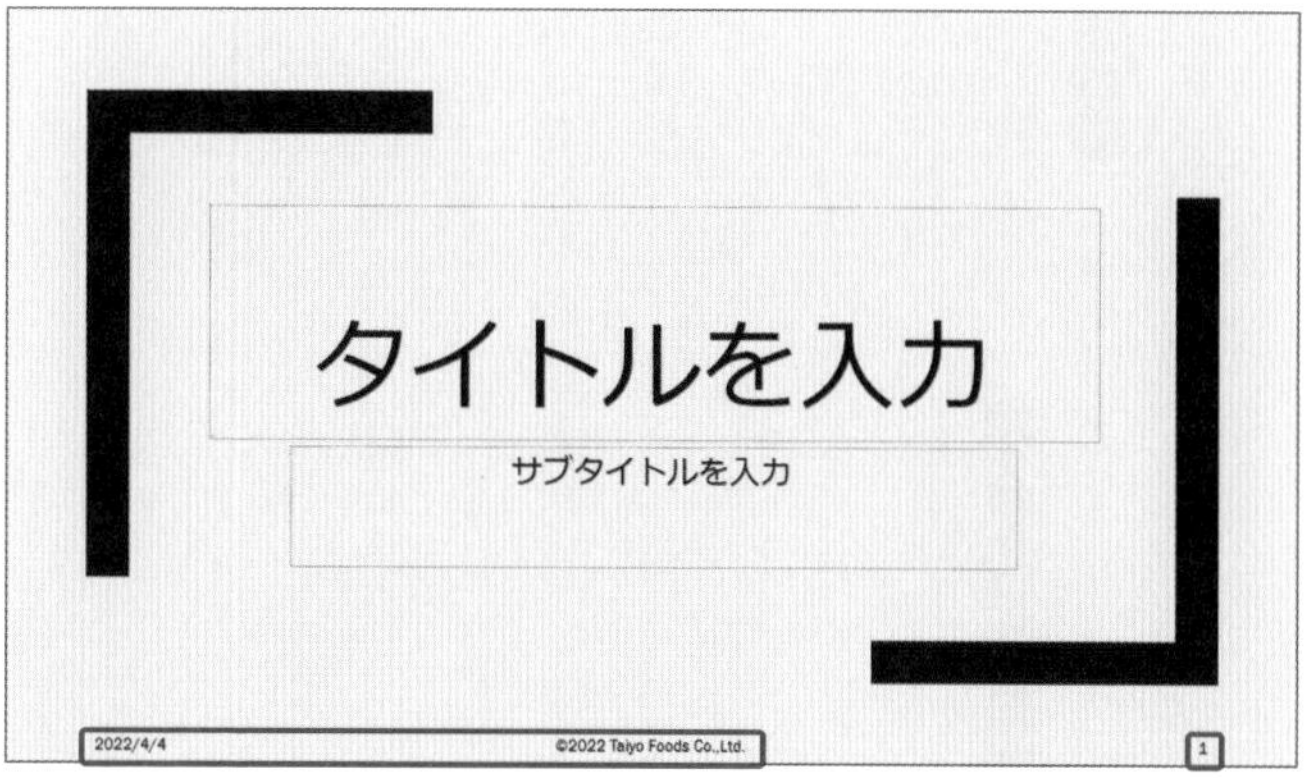

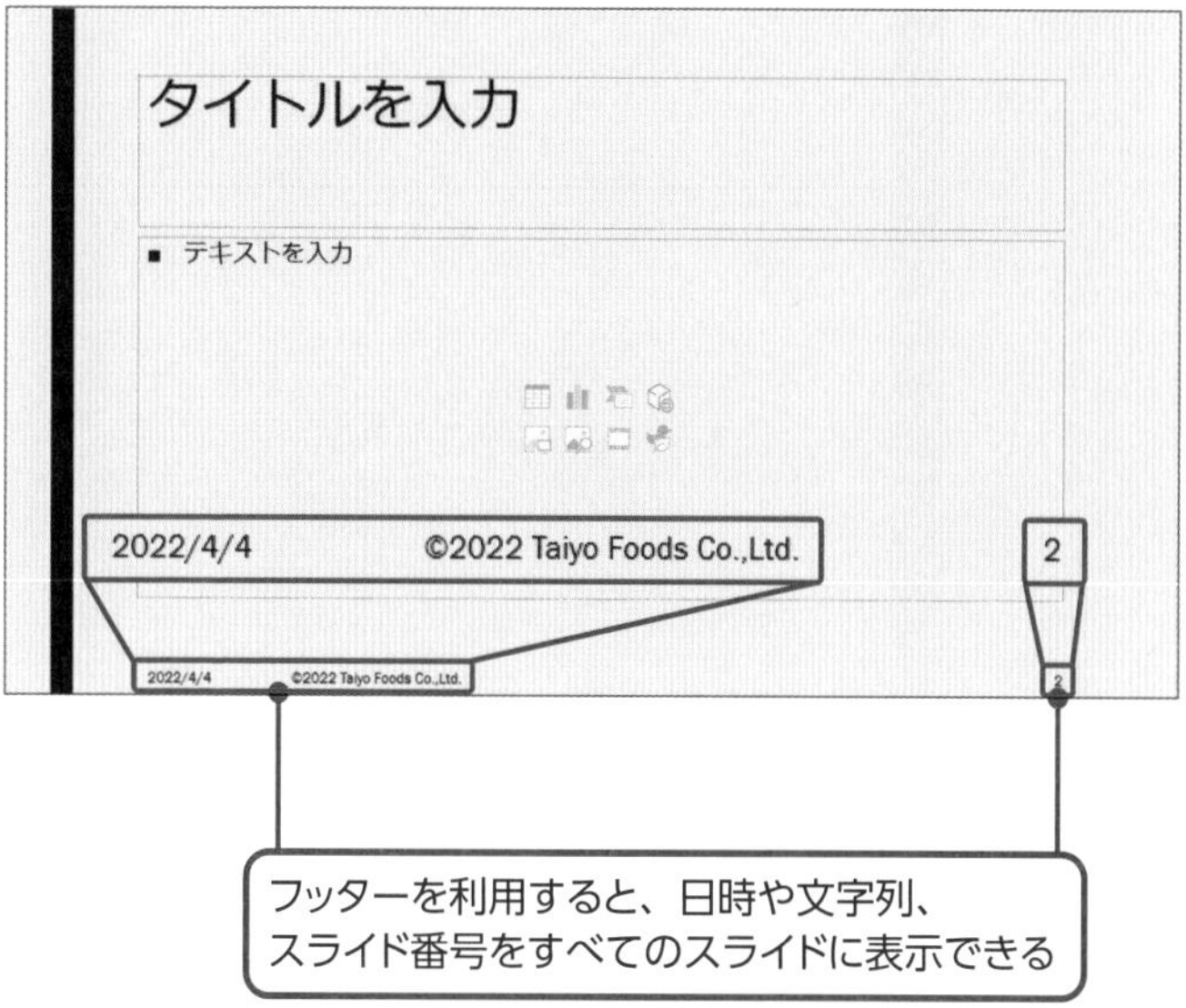

●フッターを設定する

［ヘッダーとフッター］ダイアログボックスの［スライド］タブでは、スライドに表示したい項目をオンにする。オンにすると、［プレビュー］で該当する箇所が黒く表示され、位置を確認することができる。

日付と時刻は、［自動更新］を選択すると、プレゼンテーションを開いたり、印刷したりするときに、現在の日時が表示される。日時の表示形式や言語を指定したり、和暦で表示したりすることも可能だ。また、特定の日付を表示したい場合は、［固定］を選択し、ボックスに日付や時刻を入力する。

会社名や作成者名、クレジット表記などの任意の文字列を挿入したい場合は、［フッター］をオンにして、ボックスに入力する。

なお、フッターをタイトルスライドに表示したくない場合は、［タイトルスライドに表示しない］をオンにするとよい。

各項目を設定したら、**［すべてに適用］をクリックすると、すべてのスライドにフッターが挿入される**。［適用］をクリックすると、現在選択されているスライドにしか反映されないので、注意しよう。

フッターに挿入する項目の設定

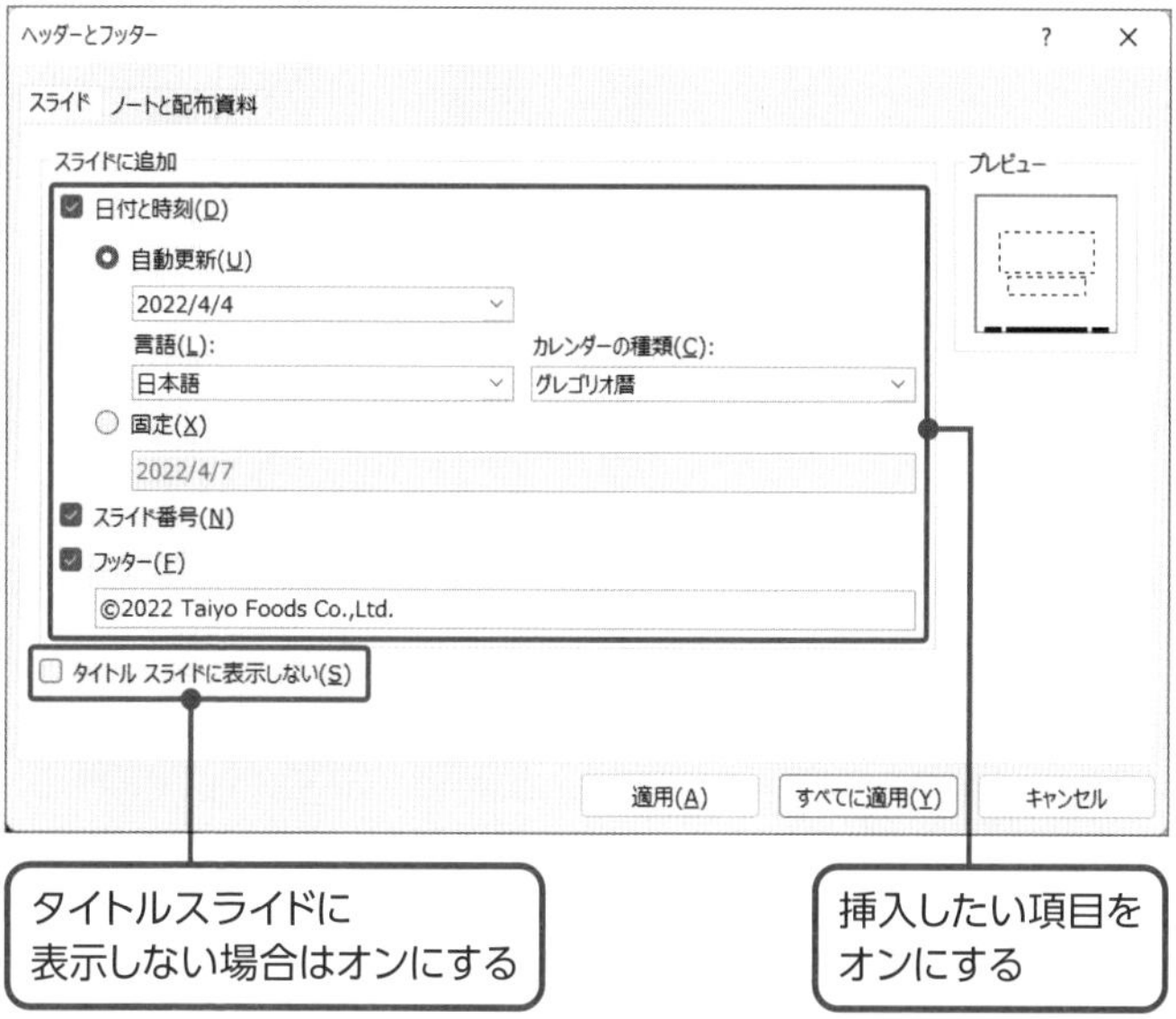

One Point

- 日付と時刻は、[自動更新] または [固定] を指定できる
- 文字列は [フッター] をオンにして入力する
- すべてのスライドに挿入する場合は [すべてに適用] をクリックする

Section 03

スライドのデザインはシンプルなほどよい

●テーマは最初に確定しよう

パワーポイントを起動した直後や、新規プレゼンテーションを作成するとき、最初にプレゼンテーションのデザインの「**テーマ**」を選択する必要がある。テーマには、スライドの**背景画像、配色、フォント の組み合わせ、グラフや図形の視覚的効果があらかじめ登録**されているので、かんたんにスライドの外観を整えることができる。

テーマはあとから変更することもできるが、テキストや図形などを挿入してから変更すると、レイアウトが崩れてしまうことが多いため、最初に確定しておいたほうがよい。テーマの設定は、新規プレゼンテーション作成画面のほか、［デザイン］タブからも行える。

各テーマには、色や背景画像の異なる「**バリエーション**」が用意されている。また、フォントの組み合わせや配色パターン、視覚的効果は、それぞれ変更することができるため、テーマを選ぶときは、背景画像を基準にしよう。

テーマとバリエーション

テーマ［インテグラル］のバリエーション

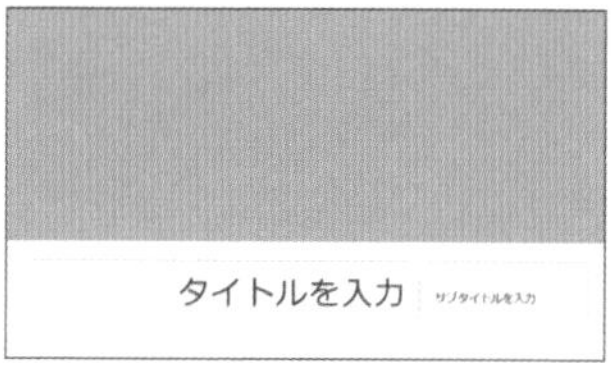

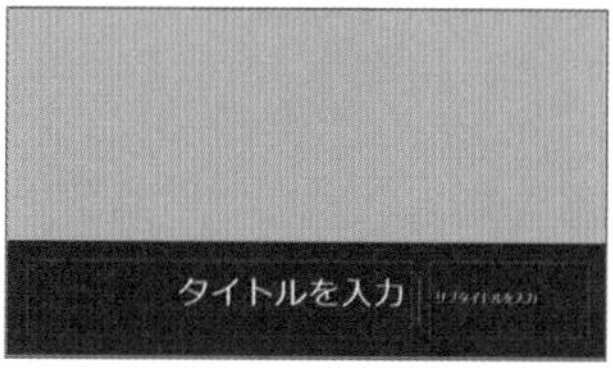

テーマ［スライス］のバリエーション

●テキストが読みやすいテーマを選ぶ

テーマを選択する際にもっとも重要なことは、**テキストが読みやすい**ことだ。インパクトのあるデザイン、スタイリッシュなデザインを選びたくなるかもしれないが、聴衆の意識がスライドのデザインに向いてしまっては、意味がない。プレゼンテーションで伝えなければいけないのは、あくまで内容だ。

テーマの一覧に表示されているのは、タイトルスライド（表示）のサムネイルだが、テーマを選ぶときに重要視してほしいのは、本文のテキストのスライドのデザインだ。新規プレゼンテーションの作成画面で、各テーマをクリックしたときに、［その他のイメージ］が表示されているテーマは、［＜］または［＞］をクリックすると、タイトルスライド以外のレイアウトのデザインを表示できる（左ページ上図参照）。ここで、テキストのスライドのデザインを確認して、テーマを決めよう。左ページ下図のスライドは、同じ内容でテーマを変えている。［メッシュ］は、背景全面に模様が入っている上に、背景の色が暗いため、テキストが読みづらいし、長時間見ていると目が疲れる。［トリミング］のように背景がすっきりしていて、**シンプル**なもののほうが、テキストは読みやすい。また、［フレーム］のように、タイトル部分の横幅が狭いと、タイトルの文字数が多くなったときに読みづらくなるので、避けたほうがよい。

テーマ選びはテキストの読みやすさがポイント

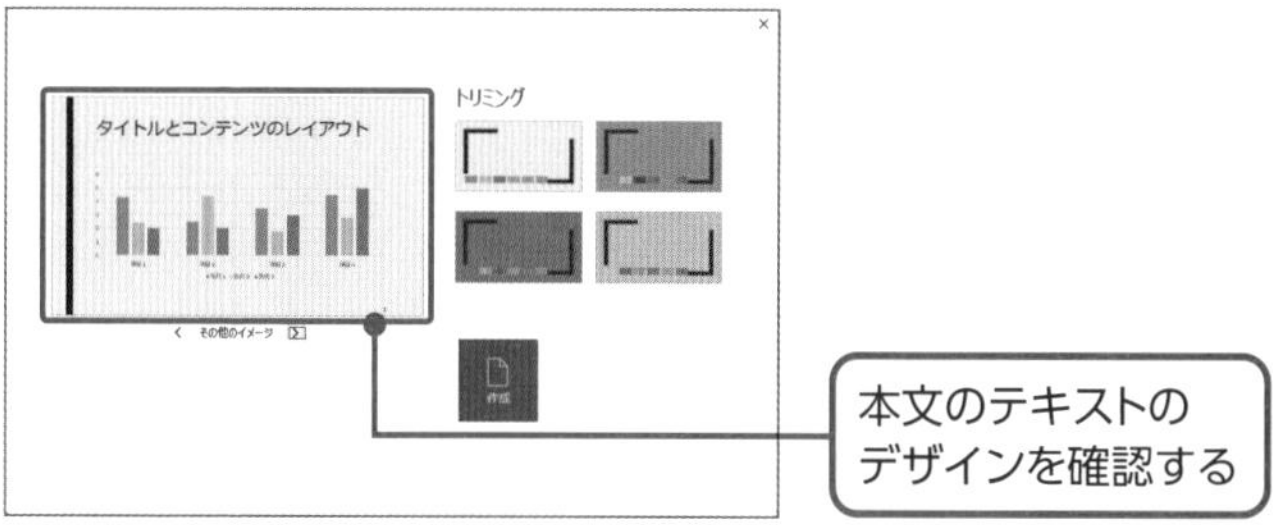

テーマ［メッシュ］

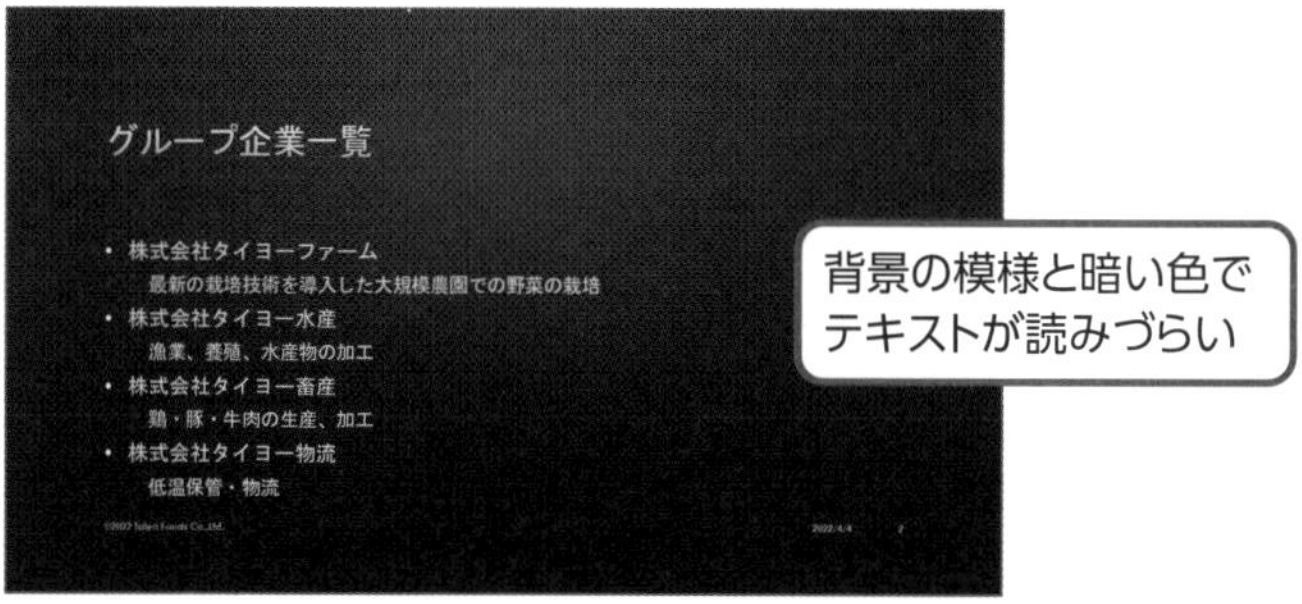

テーマ［トリミング］

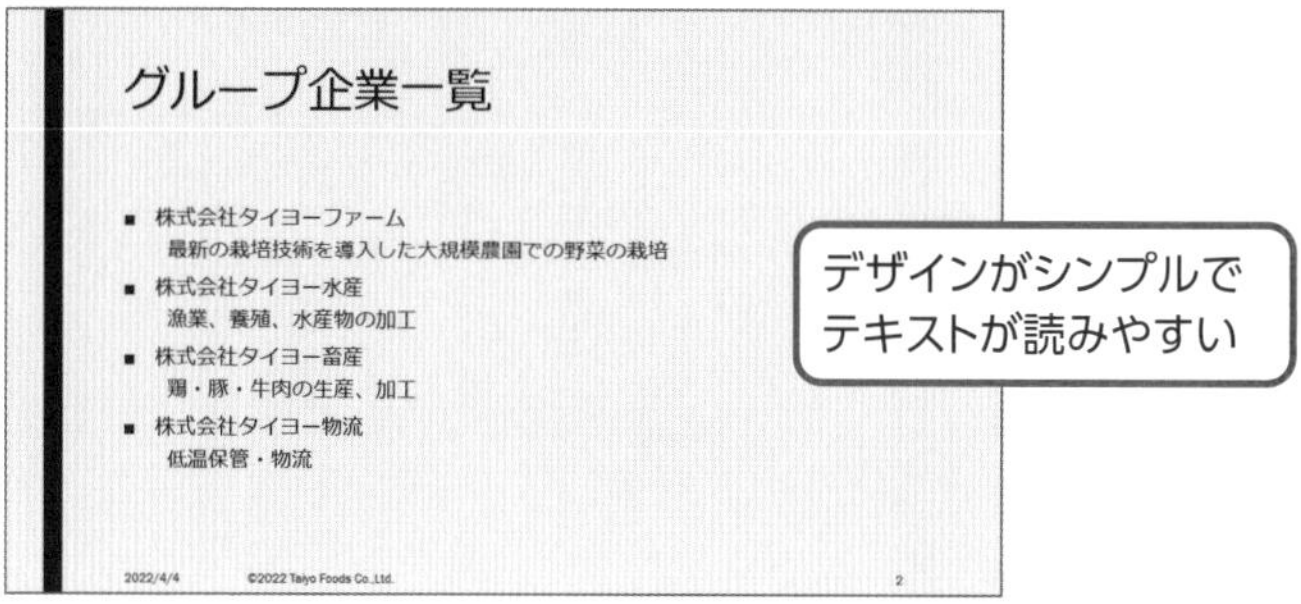

●テーマをカスタマイズする

テーマの配色、フォントパターン（24ページ参照）、効果は、［デザイン］タブの［バリエーション］の［その他］から、それぞれ変更することができる。

［配色］の［色のカスタマイズ］では、オリジナルの配色パターンを作成できるため、**コーポレートカラーやブランドカラーを使用することも可能**だ。ただし、配色パターンをカスタマイズするときは、色数が多すぎたり、彩度や明度が高かったりすると見づらくなるので、注意が必要だ。

また、［デザイン］タブの［背景の書式設定］では、スライドの背景の色やグラデーション、画像などの設定を変更できる。スライドの背景のグラデーションを単色に変更したり、鮮やかな色を落ち着いた色に変更したりすれば、スライドのテキストが読みやすくなる。

配色や背景などを**カスタマイズしたテーマは、保存しておけば、ほかのプレゼンテーションに再利用**することができる。［デザイン］タブの［テーマ］の［その他］から、［現在のテーマを保存］をクリックして、テーマの名前を入力する。このとき、ファイルの保存場所は絶対に変更しないこと。保存したテーマは、［デザイン］タブの［テーマ］の一覧に表示されるようになる。

配色や背景の変更

配色の変更

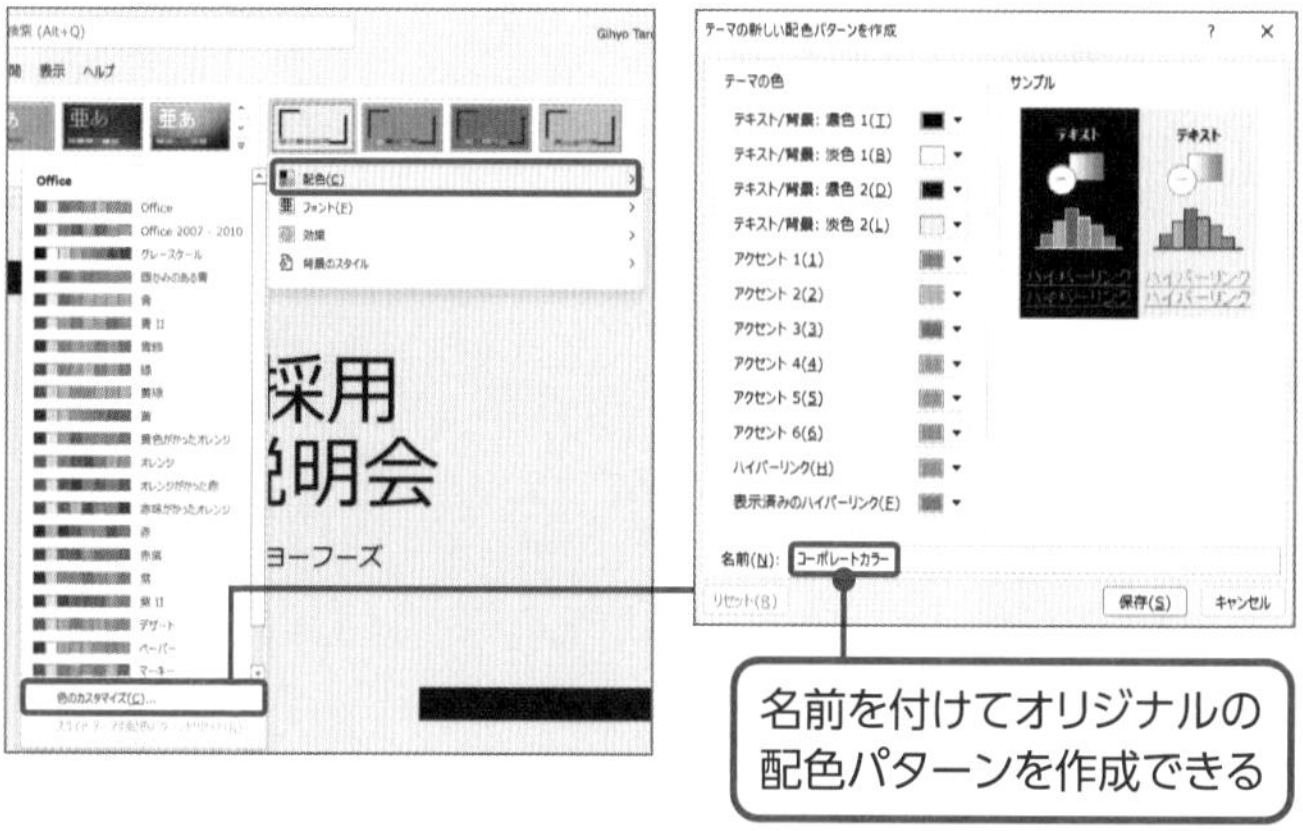

背景の変更

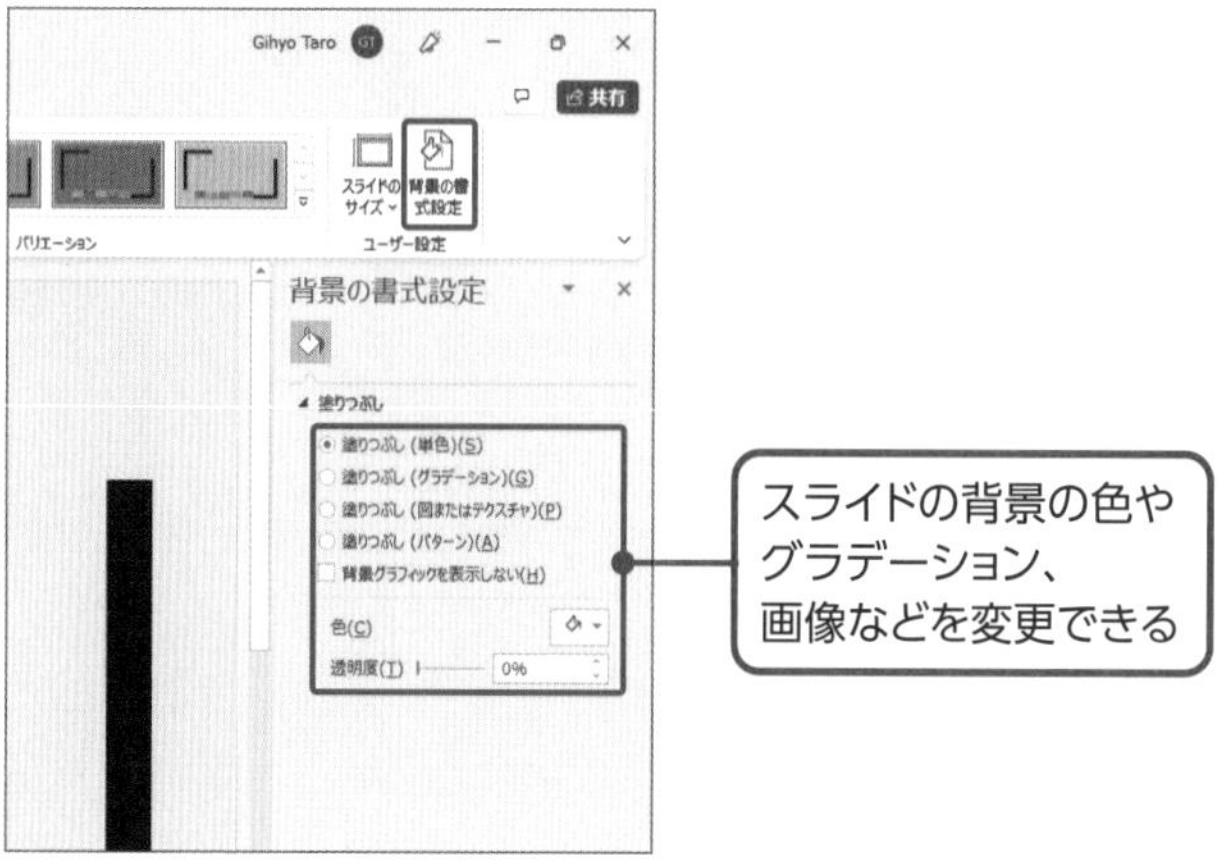

Section 04

フォントの設定で統一感を出す

●フォントの使い方で伝わり方が変わる

日本語のフォントには、大きく分けて、**明朝体**と**ゴシック体**の2種類がある。明朝体は、横線が縦線よりも細く、止め、はね、はらいがあるのが特徴だ。可読性が高いので、長い文章に適している。一方、ゴシック体は、太さがほぼ均一なのが特徴だ。視認性が高いので、見出しや強調部分に使用するのに適している。また、細いゴシック体なら、本文にも利用できる。

フォントの種類によって、与える印象は異なる。たとえば、明朝体は高級、繊細、伝統的、ゴシック体はカジュアル、親近感、安定感といったイメージがある。したがって、**プレゼンテーションで訴えたい内容のイメージや目的と、フォントのイメージを合わせる**ことが大切だ。高級感を出したい商品の企画書なのに、太めのゴシック体や丸ゴシック体などのフォントを使うと、商品のイメージが伝わらなくなってしまうので、注意しよう。

フォントの種類とイメージ

● 明朝体とゴシック体

游明朝

フォントの設定

游ゴシック

フォントの設定

● フォントと内容のイメージを合わせる

游明朝

HG丸ゴシックM-PRO

●フォントの設定

フォントを選ぶ際には、イメージだけではなく、**読みやすさも重要**だ。文字数が多い部分に太いフォントや行書体を使用すると、読みづらいので気をつけよう。また、フォント名に「UD」とあるのは、**ユニバーサルデザインフォント**という意味だ。多くの人が読みやすく、読み間違えないようにデザインされたフォントなので、フォントを選ぶときの選択肢に入れるのもよいだろう。

スライドの各テーマには、**フォントパターン**が登録されており、英数字用の見出しと本文、日本語用の見出しと本文のフォントの4種類の組み合わせになっている。「スライド」タブの「バリエーション」の「その他」の「フォント」からは、テーマのフォントパターンだけを変更することができる。ただし、数字が読みづらいフォントパターンがいくつかあるので、それは避けたほうがよい。

また、「フォントのカスタマイズ」では、オリジナルのフォントパターンを作成することが可能だ。

1つのプレゼンテーション内に使用されるフォントの種類が多いと、統一感がなく、読みづらくなってしまう。見出しと本文のほかは、強調したい部分に使用する1種類にとどめておくのがよいだろう。

フォントパターンの変更

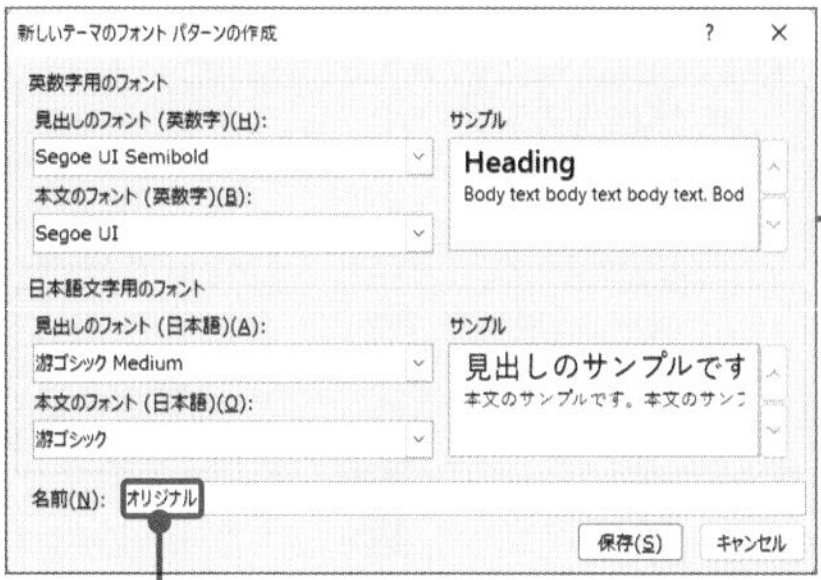

名前を付けてオリジナルの
フォントパターンを作成できる

Section 05

スライドの中身ってどうなってるの？

スライドの構成要素

パワーポイントでは、**それぞれのページを「スライド」**といい、**スライドの集まり（1つのファイル）を「プレゼンテーション」**という。

また、スライド上には、タイトルやテキスト（文字列）、グラフ、画像などのオブジェクトを挿入するための枠が配置されていて、この枠を「**プレースホルダー**」という。プレースホルダーには、タイトルを入力するものや、テキストやオブジェクト（コンテンツ）を挿入するもの、縦書きのテキストを入力するものなど、さまざまな種類がある。各テーマには、プレースホルダーの種類、数、配置が異なる「**レイアウト**」が用意されていて、［ホーム］タブの［レイアウト］からレイアウトを変更することが可能だ。

プレースホルダーに文字を入力するには、プレースホルダーの内側をクリックする。プレースホルダー内にカーソルが表示されるので、文字を入力する。最初のスライドに、プレゼンテーションのタイトルとサブタイトルを入力しておこう。

スライドの構成

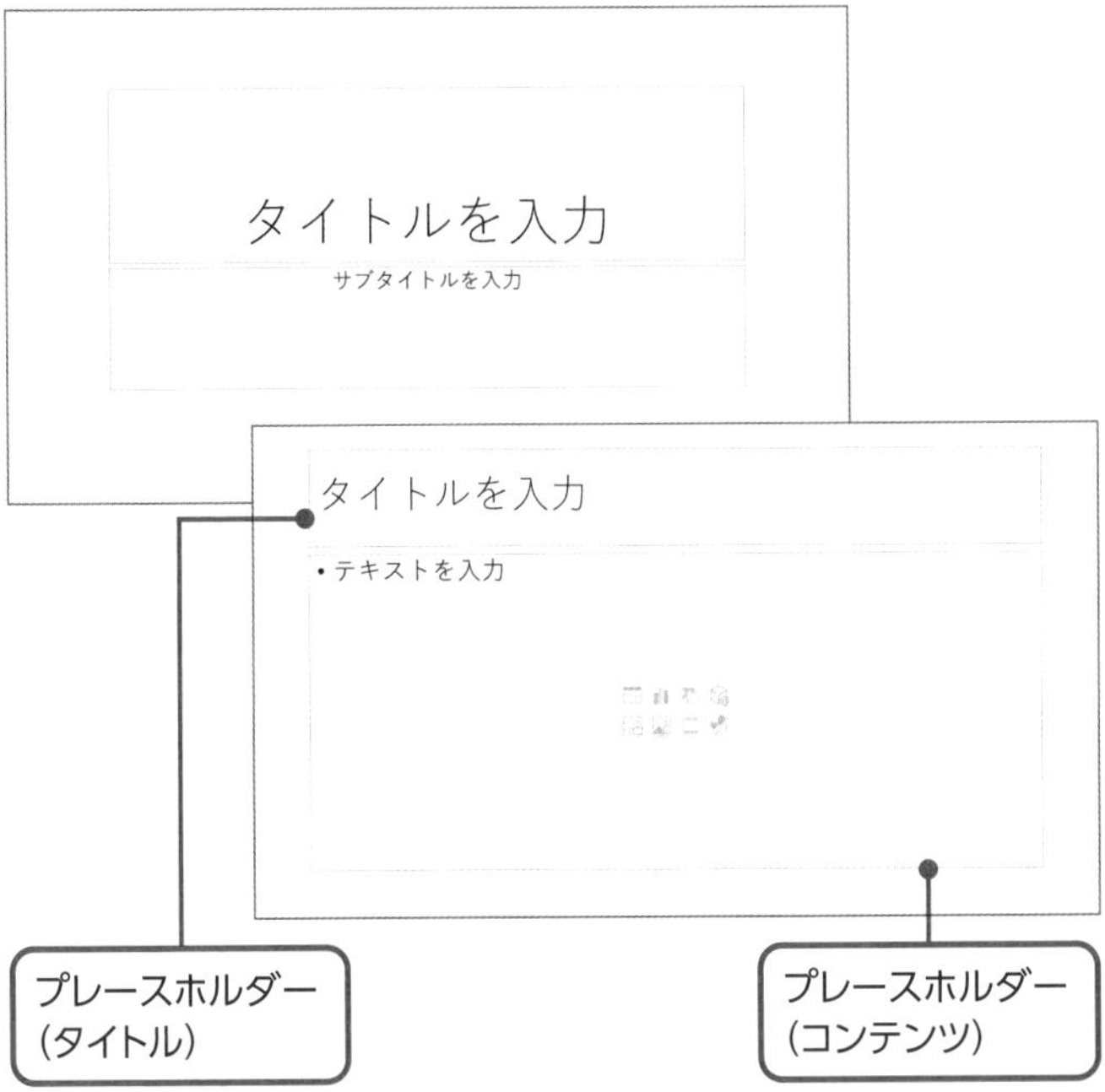

One Point

- テキストやグラフなどを挿入する枠を「プレースホルダー」という
- プレースホルダーの内側をクリックすると、文字を入力できる

Section 06

スライドを追加したい

レイアウトを選んで追加する

新しくプレゼンテーションを作成した直後は、プレゼンテーションのタイトルを入力するための「タイトルスライド」が1枚だけ挿入されている。

新しいスライドを追加するには、［ホーム］タブの［新しいスライド］のテキスト部分をクリックし、**スライドのレイアウトを選択**する。レイアウトの一覧に表示される「**コンテンツ**」とは、スライドに挿入するテキスト、表、グラフ、スマートアート、図、ビデオなどのことだ。コンテンツを含むレイアウトを選択すると、コンテンツを挿入できるプレースホルダーがあらかじめ配置されているスライドが挿入される。また、［新しいスライド］のアイコン部分をクリックすると、前回選択したレイアウトと同じレイアウトのスライドが挿入される。

スライドのレイアウトは、あとから［ホーム］タブの［レイアウト］で変更することができるので、迷ったら使用頻度の高い［タイトルとコンテンツ］を選んでおこう。

スライドの追加

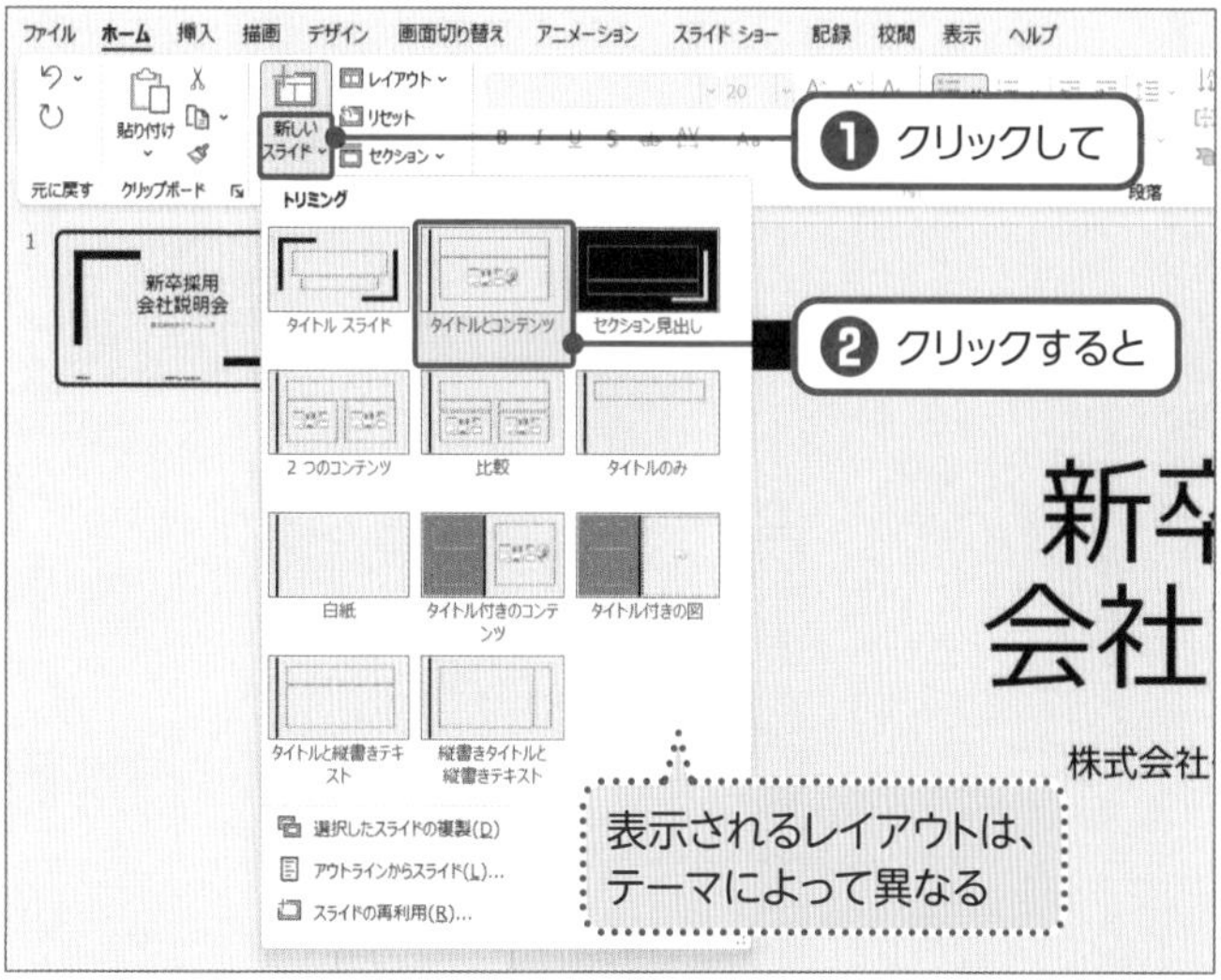
❶ クリックして
❷ クリックすると
表示されるレイアウトは、テーマによって異なる

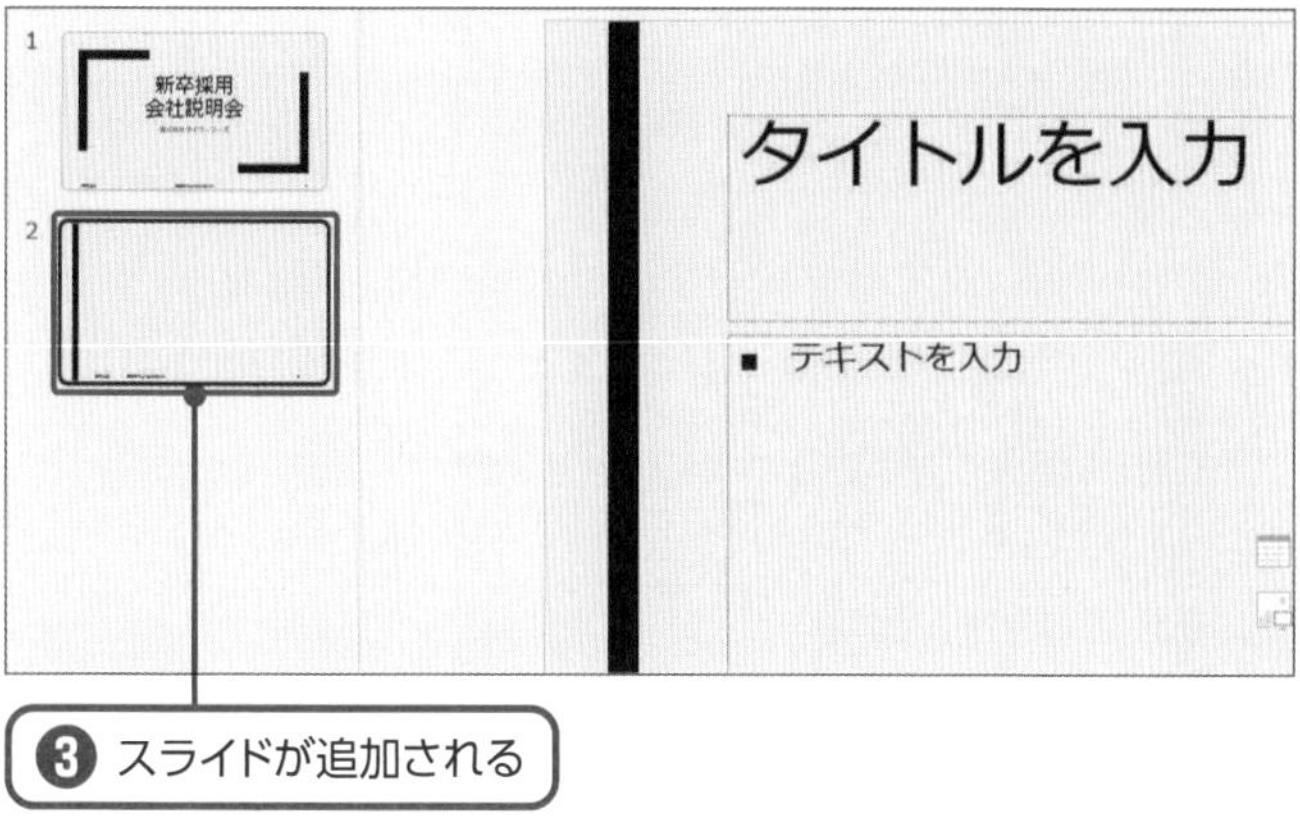
❸ スライドが追加される

Section 07

まずはスライドの見出しを入力

●見出しの決め方・見せ方が重要

スライドを追加したら、スライドを1枚ずつ完成させていくのではなく、最初にプレゼンテーション全体の構成を考えよう。プレゼンテーションをどのような流れで進めていくのかストーリーを考え、各スライドをどんな内容にするのかを決めていく。

スライドの割り振りするときに気をつけてほしいのは、1枚のスライドに内容を詰め込みすぎないことだ。スライドの情報量が多いと、見づらく、整理・理解するのに時間がかかってしまうので、「**1スライド1メッセージ**」を心がけよう。たとえば、「課題と原因」を1枚のスライドに入れるのではなく、最低でも「課題」と「原因」で分ける。各コンテンツのテキストの分量によっては「課題」「原因」をそれぞれ複数に分割してもよい。

次に、各スライドのタイトルを決める。スライドのタイトルは、**短めに、そのスライドの内容が一瞬でわかるもの**を付けよう。

1スライド1メッセージ

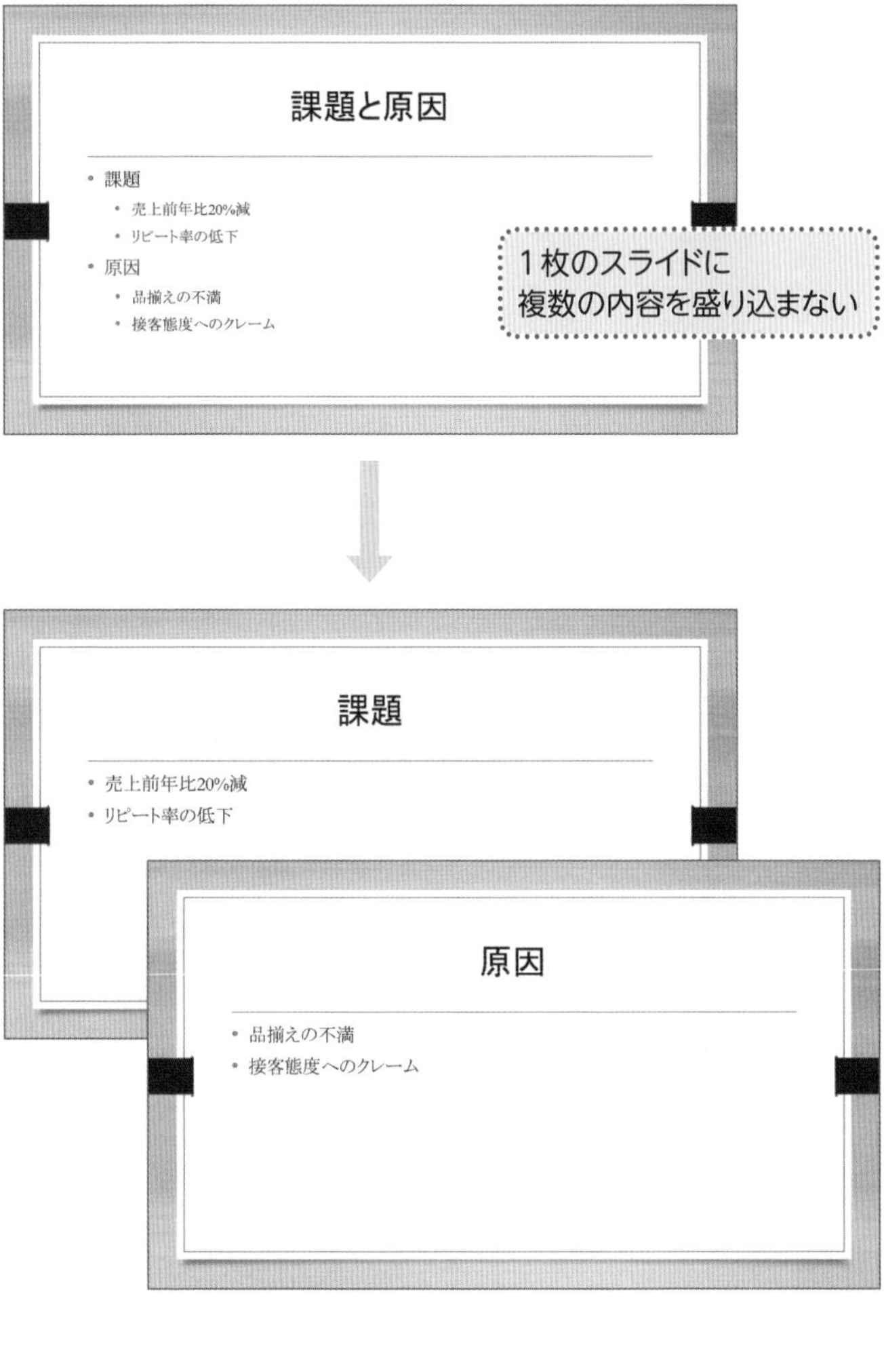

●スライドタイトルだけを入力していく

プレゼンテーションの構成と各スライドの内容が決まったら、まずは**スライドのタイトルだけを入力**していく。追加したスライドの「タイトルを入力」と表示されているプレースホルダーに直接文字を入力してもよいが、ここでは、**アウトライン表示モード**での操作をおすすめしたい。アウトライン表示モードは、ウィンドウの左側に各スライドのタイトルと本文テキストだけが表示されるので、プレゼンテーションの構成を把握するのに向いているからだ。

［表示］タブの［アウトライン表示］をクリックすると、アウトライン表示モードに切り替わる。ウィンドウ左側の「2」と表示されたスライドのアイコンの右側をクリックして、スライドのタイトルを入力すると、ウィンドウ右側のスライドにも入力される。Enter を押すと、新しいスライドが追加されるので、同様にスライドタイトルを入力する。

すべてのスライドのタイトルを入力したら、ウィンドウ左側でもう一度プレゼンテーションの構成を確認し、必要に応じてスライドの順序を変更したり、削除したりしよう（38ページ参照）。［表示］タブの［標準］をクリックすると、元の標準表示モードに戻すことができる。

アウトライン表示モードでスライドタイトルを入力

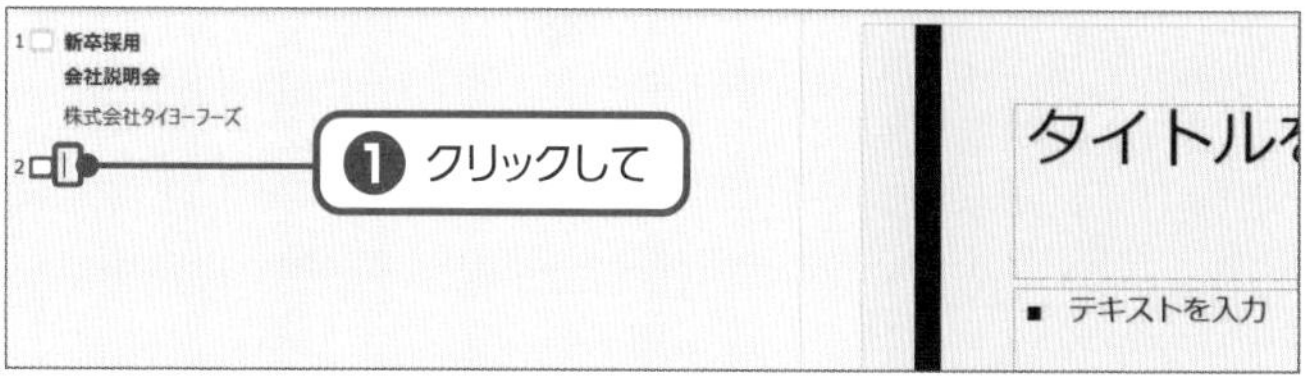

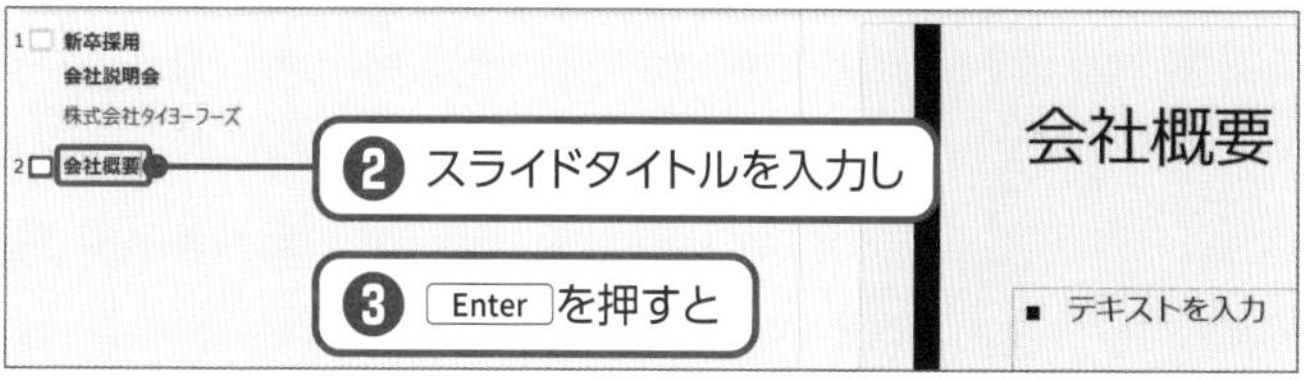

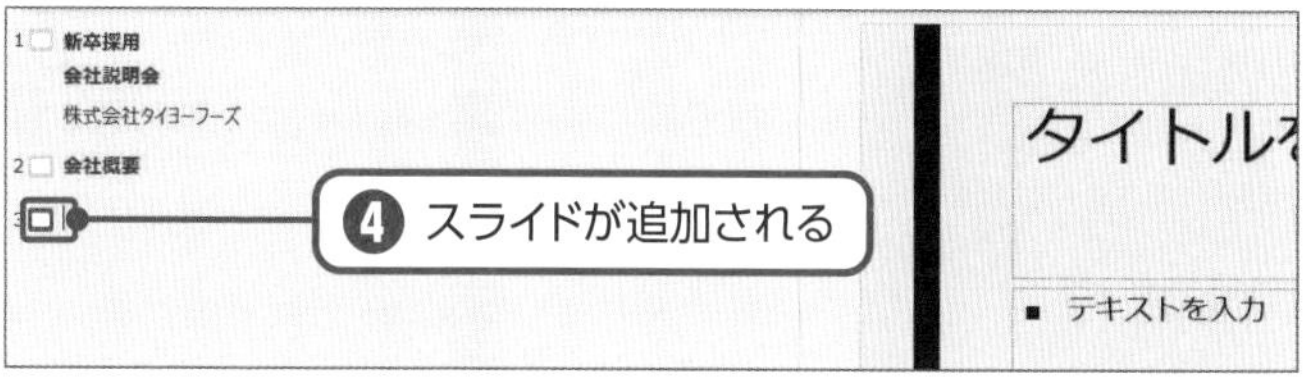

Section 08

スライドの内容を入力する

●本文を箇条書きで入力していく

すべてのスライドのタイトルを入力したら、各スライドの本文のテキストを入力していこう。本文のテキストは、長い文章にせず、**箇条書きにしたほうが、要点を素早く把握できる**。

スライドの「テキストを入力」と表示されているプレースホルダーの内側をクリックすると、カーソルが表示されるので、文字を入力する。Enterを押すと段落が変わるので、同様にほかのテキストも入力する。テーマによっては、行頭に■や●などの箇条書きの行頭記号が付く場合がある。

本文のテキストは、**段落レベルを設定して階層構造にする**ことができる。段落レベルを下げるには、目的の段落を選択し、［ホーム］タブの［インデントを増やす］をクリックする。また、［インデントを減らす］をクリックすると、段落レベルを上げることができる。

段落レベルの設定

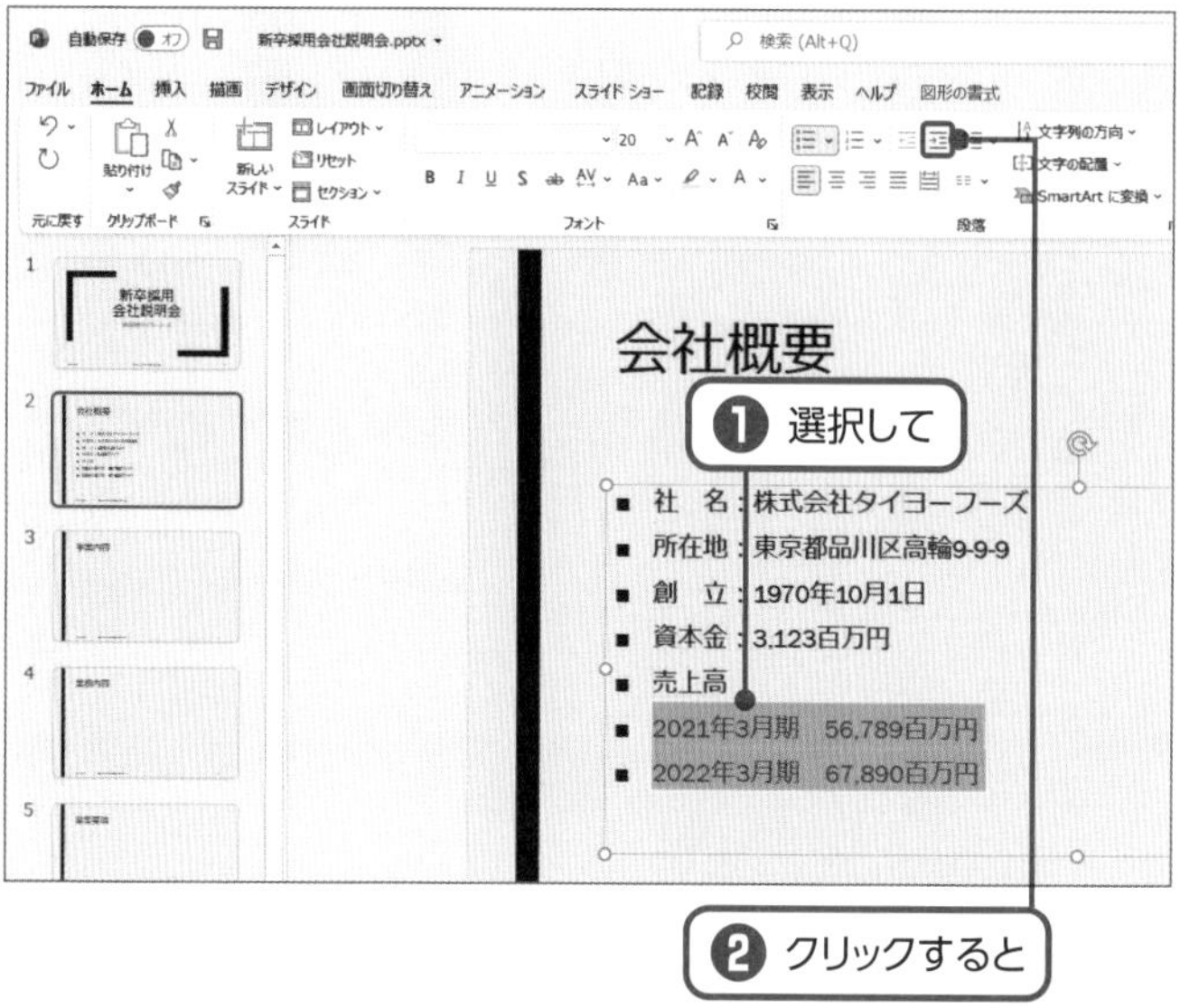
会社概要
❶ 選択して
社　名：株式会社タイヨーフーズ
所在地：東京都品川区高輪9-9-9
創　立：1970年10月1日
資本金：3,123百万円
売上高
2021年3月期　56,789百万円
2022年3月期　67,890百万円
❷ クリックすると

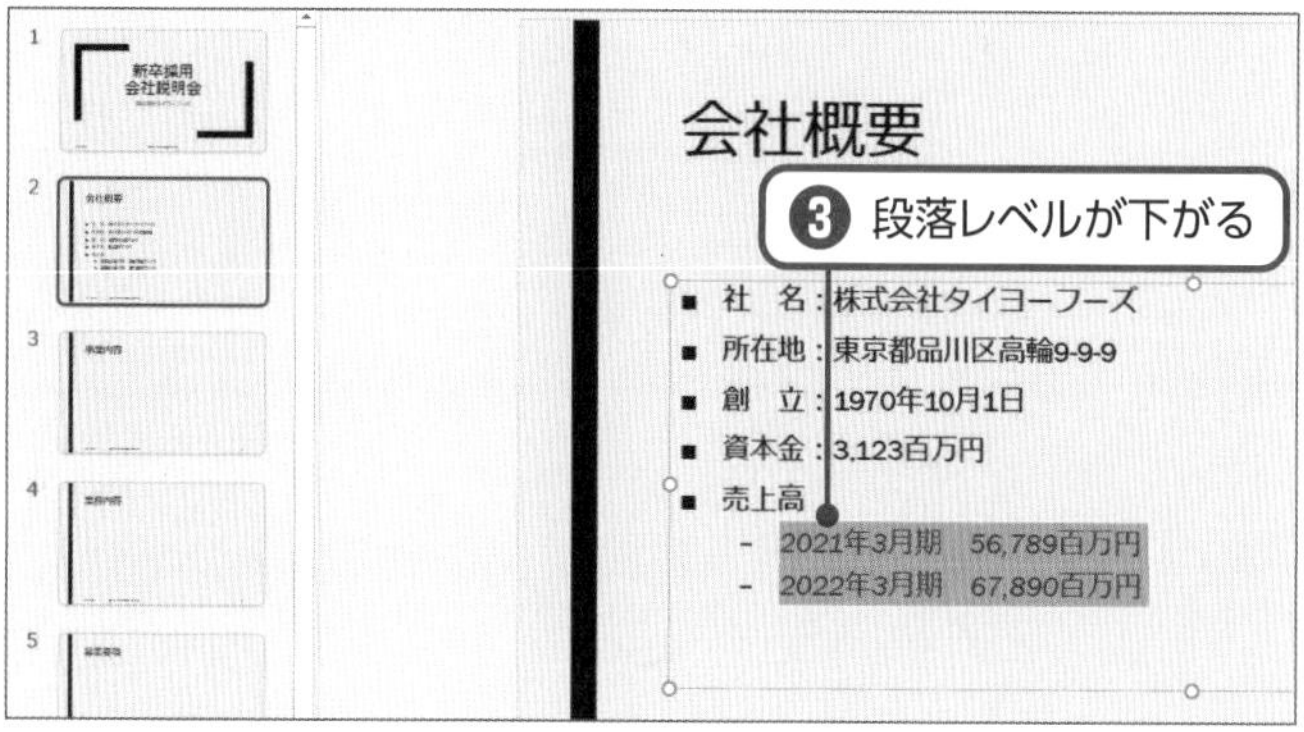
会社概要
❸ 段落レベルが下がる
社　名：株式会社タイヨーフーズ
所在地：東京都品川区高輪9-9-9
創　立：1970年10月1日
資本金：3,123百万円
売上高
2021年3月期　56,789百万円
2022年3月期　67,890百万円

●箇条書きの設定を変更する

本文のテキストには、あらかじめ■や●の行頭記号が付いた箇条書きが設定されている場合がある。行頭記号の有無や種類は、プレゼンテーションに設定しているテーマによって異なるが、設定を変更することが可能だ。

行頭記号を削除したい場合は、目的の段落を選択し、［ホーム］タブの［箇条書き］の左側をクリックする。

行頭記号の種類を変更したい場合は、段落を選択し、［箇条書き］の右側をクリックして、目的の行頭記号の種類をクリックする。また、［箇条書きと段落番号］をクリックすると、［箇条書きと段落番号］ダイアログボックスの［箇条書き］タブが表示され、行頭記号のサイズや色を変更したり、一覧に表示されていない記号を行頭記号に指定したりすることもできる。

テキストには、行頭記号の箇条書きではなく、「1、2、3」や「①、②、③」などの**段落番号**を設定することも可能だ。その場合は、段落を選択し、［ホーム］タブの［段落番号］の右側をクリックして、段落番号の種類を選択する。

なお、本文のテキストで段落を変えずに改行したい場合は、改行したい位置にカーソルがある状態で、Ctrl を押しながら Enter を押す。

行頭記号の変更と段落番号の設定

行頭記号の変更

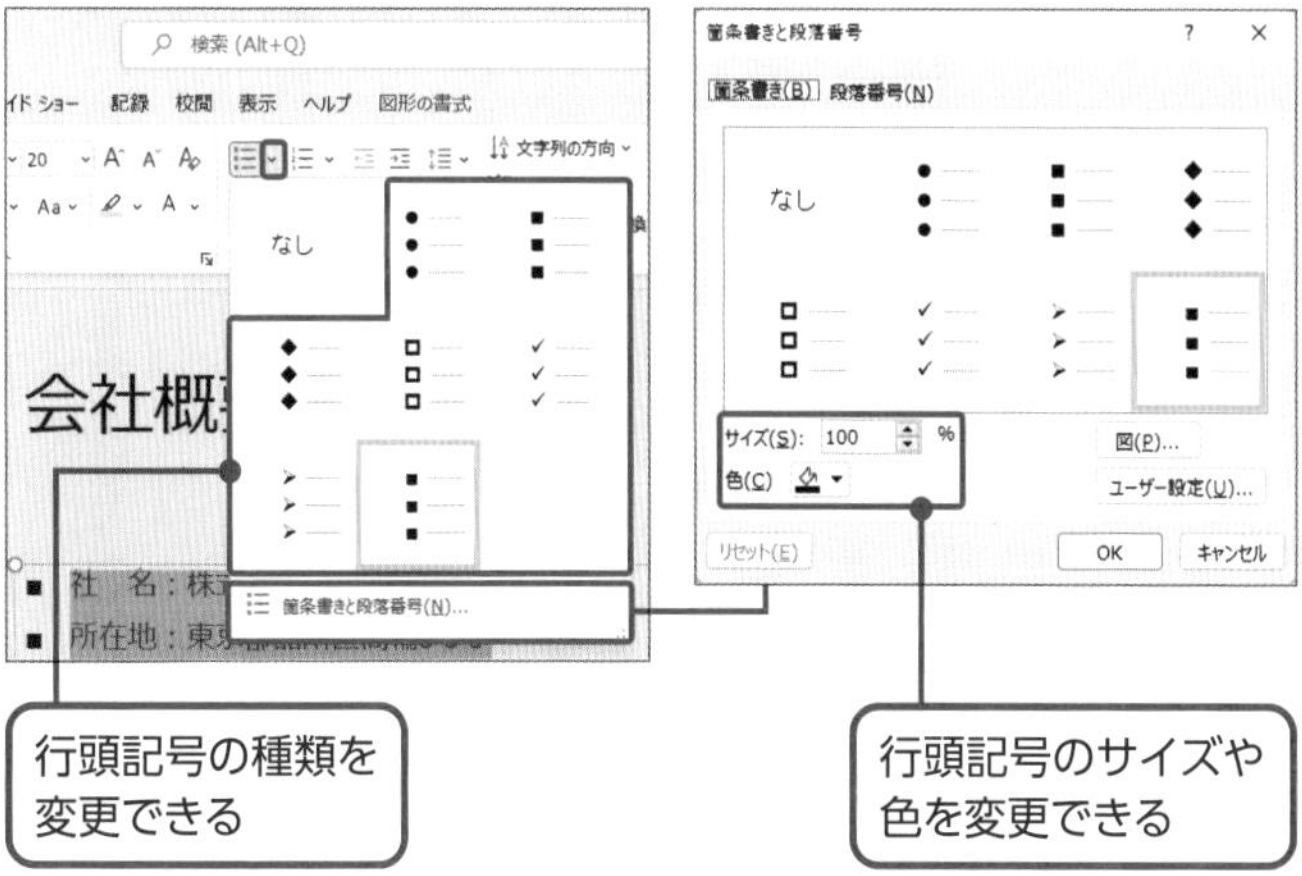

段落番号の設定

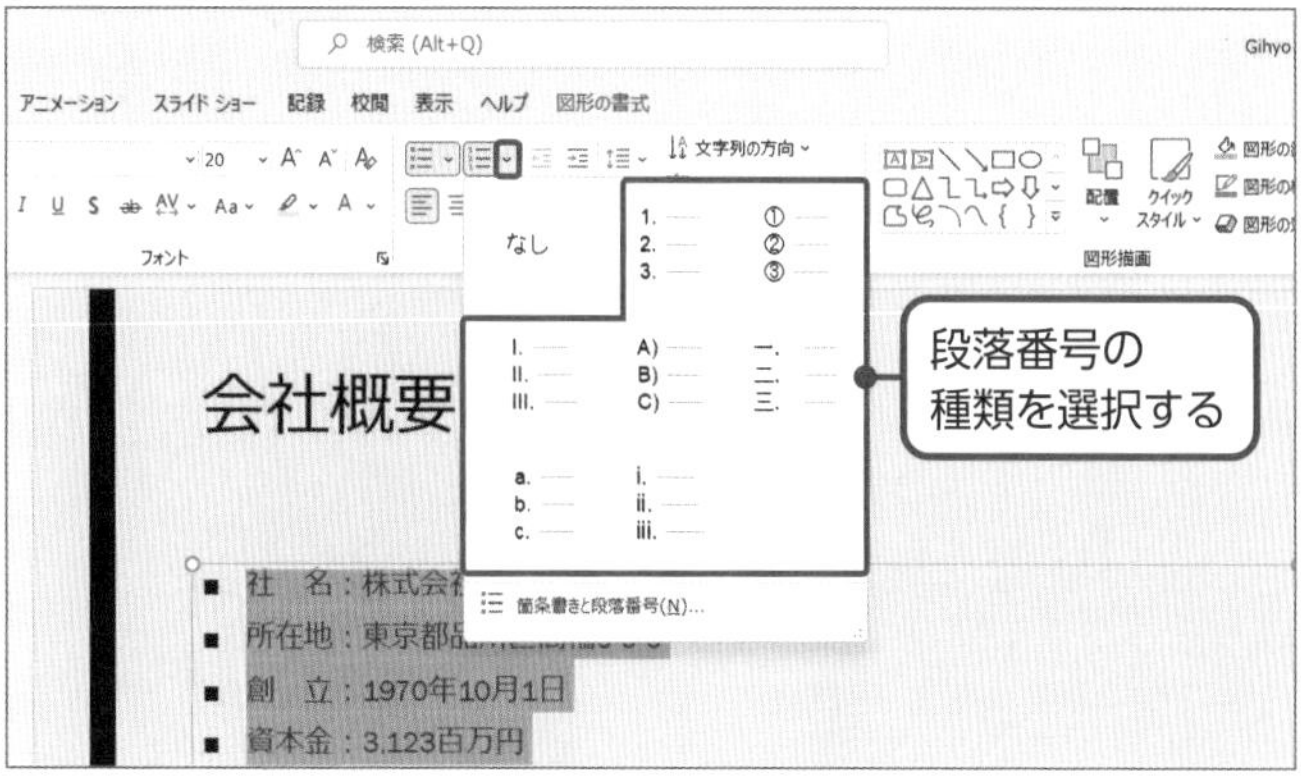

Section 09

スライドの削除や順序の入れ替えをする

サムネイルウィンドウを利用する

すべてのスライドにテキストを入力したら、プレゼンテーション全体の構成を再度確認し、スライドを整理しよう。

不要なスライドは、ウィンドウ左側のサムネイルウィンドウでスライドを選択し、Delete **を押すと、削除できる**。複数のスライドをまとめて削除したい場合は、Ctrl を押しながらスライドをクリックして選択してから削除すればよい。

また、スライドの順序を入れ替えたい場合は、サムネイルウィンドウで、**スライドを目的の場所までドラッグ**する。

スライドの枚数が多い場合は、［表示］タブの［スライド一覧］をクリックしてスライド一覧表示モードに切り替えると、スライドのサムネイルが一覧で表示されるので、全体を確認しやすい。スライド一覧表示モードでも、同様の手順でスライドの削除や順序の変更を行うことができる。

スライドの入れ替え

サムネイルウィンドウでの入れ替え

スライド一覧表示モードでの入れ替え

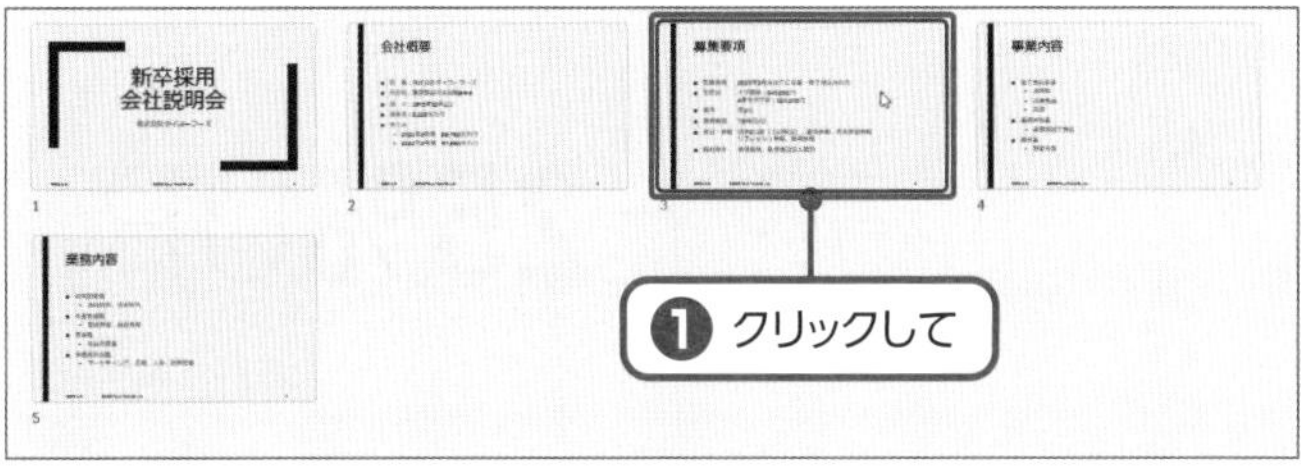

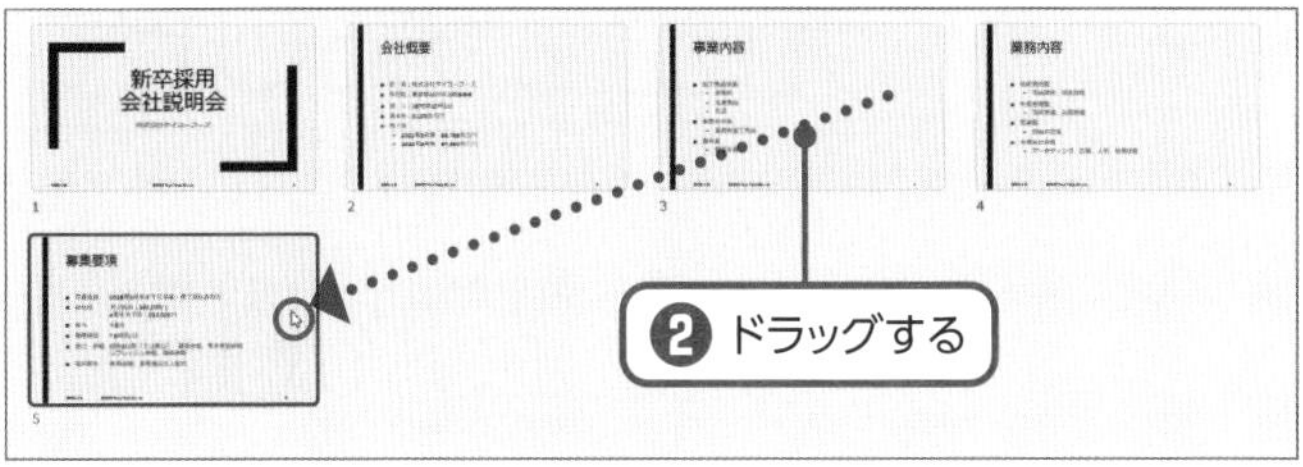

Column

文字を強調する4つの方法

本文のテキストの強調して目立たせたい箇所は、ほかの部分と書式を変えよう。注意したいのは、「太字＋サイズUP＋蛍光ペン」のように、多くの種類を組み合わせないこと。かえって見づらくなってしまう。

- 強調なし

売上25%UP

- サイズUP

売上25%UP

- 太字

売上**25%**UP

- 色の変更

売上25%UP

- 蛍光ペン

売上25%UP

Chapter

2

図形と画像の便利な使い方

Section 10

パワーポイントで使える図形・画像の種類

●図形や画像で「ひと目でわかる」スライドにする

文字ばかりのスライドは、見づらく、理解するのにも時間がかかるし、飽きてくるので、**図形や画像を効果的に使い、ひと目でわかるスライド作り**を心がけよう。

たとえば、商品の外観などは、言葉で詳しく説明するよりも、画像を載せたほうが何倍もイメージしやすい。

また、手順などの説明は、文章で箇条書きにするよりも、図解にするほうがおすすめだ。言葉を必要最小限に減らすので情報が整理され、関係性もわかりやすくなる。パワーポイントには、「スマートアート」という、図解をかんたんに作成できる機能が用意されている。四角形や線などの図形描画機能もあるので、それらを組み合わせて図解を作成することも可能だ。

ほかには、強調したいキーワードを、図形を利用して目立たせるといった使い方も効果的だ。

図形や画像でわかりやすく

言葉だけの説明に図形を入れてみると…

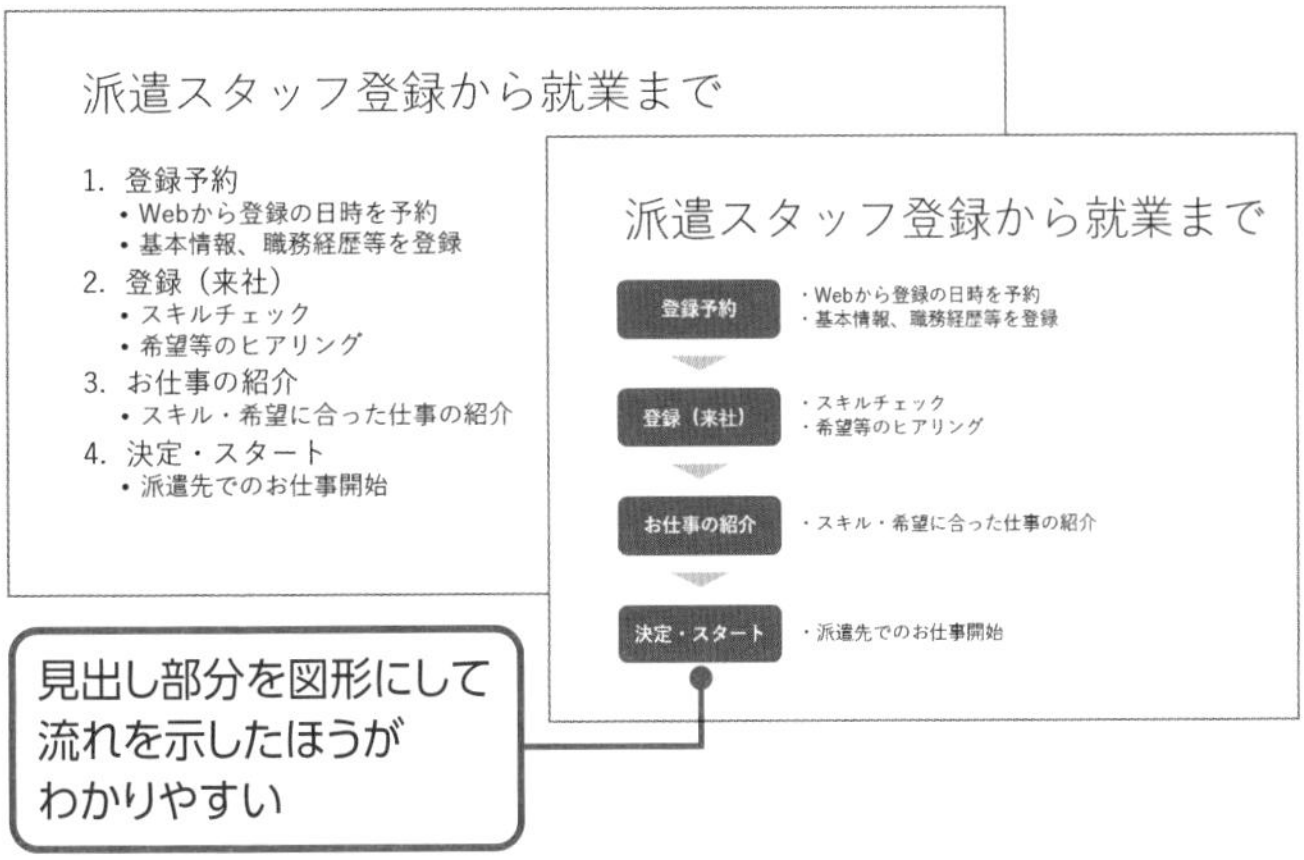
派遣スタッフ登録から就業まで
1. 登録予約
• Webから登録の日時を予約
• 基本情報、職務経歴等を登録
2. 登録（来社）
• スキルチェック
• 希望等のヒアリング
3. お仕事の紹介
• スキル・希望に合った仕事の紹介
4. 決定・スタート
• 派遣先でのお仕事開始
派遣スタッフ登録から就業まで
登録予約
・Webから登録の日時を予約
・基本情報、職務経歴等を登録
登録（来社）
・スキルチェック
・希望等のヒアリング
お仕事の紹介
・スキル・希望に合った仕事の紹介
決定・スタート
・派遣先でのお仕事開始
見出し部分を図形にして流れを示したほうがわかりやすい

言葉だけの説明に画像を入れてみると…

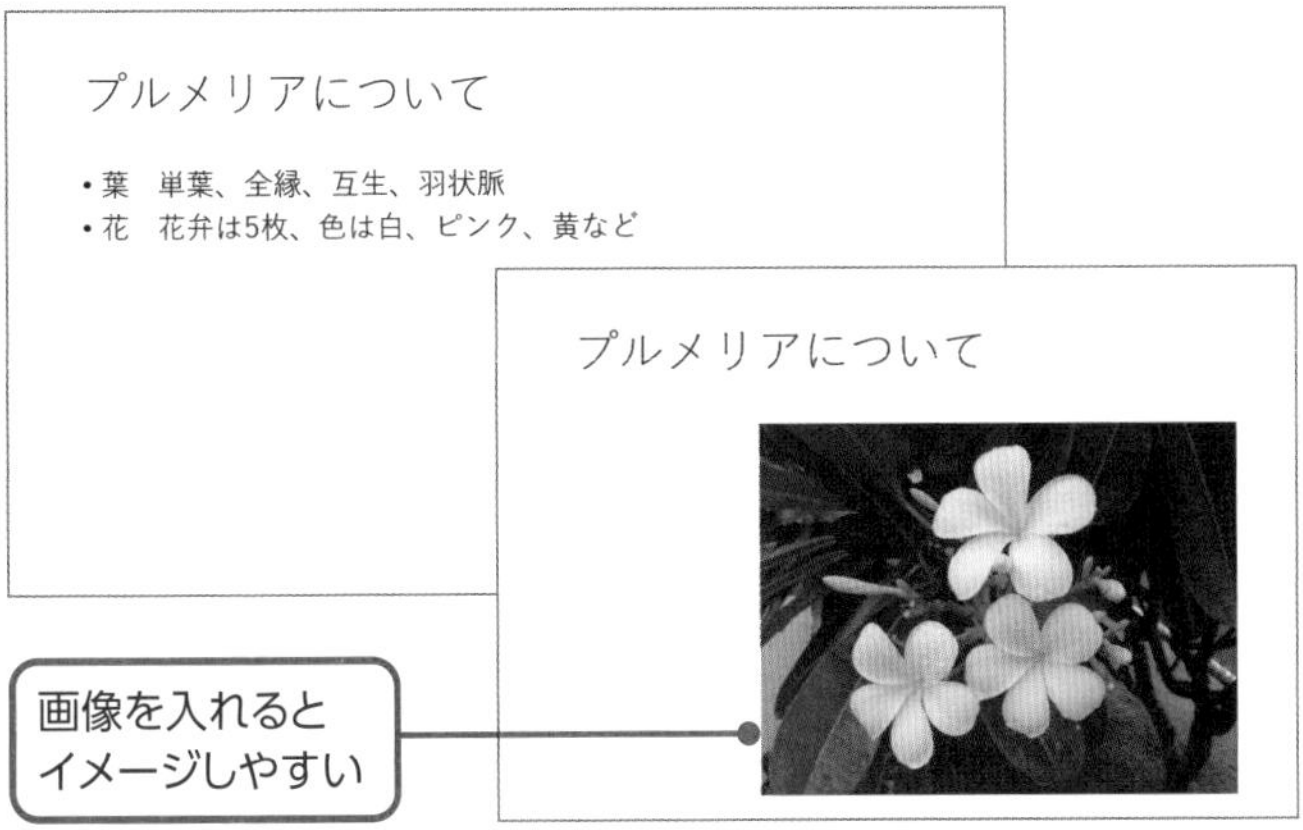
プルメリアについて
• 葉　単葉、全縁、互生、羽状脈
• 花　花弁は5枚、色は白、ピンク、黄など
プルメリアについて
画像を入れるとイメージしやすい

●スライドに挿入できる図形や画像の種類

パワーポイントで作成できる**図形の種類**には、**四角形や円、線などの基本的な図形**をはじめ、吹き出しやブロック矢印、動作設定ボタンなどの複雑な図形もあり、ほとんどの図形には文字を挿入することが可能だ。さらに、色の変更や線の種類・太さの変更、変形、サイズ変更などの図形編集機能も用意されている。

スマートアートは、リスト、手順、循環、階層構造、集合関係、マトリックス、ピラミッド、図の8種類に分類されたレイアウトが用意されており、**レイアウトを選択して、各図形に文字を入力**するだけで、かんたんに図解を作成できる。

また、パワーポイントは、**JPEG、PNG、GIF、TIFFなどの一般的なファイル形式の画像**に対応している。デジタルカメラやスマートフォンで撮影した画像や、グラフィックソフトで作成した画像・イラストはもちろん、インターネット上の「オンライン画像」、オフィスの無料素材集である「ストック画像」、パソコン画面の「スクリーンショット」をスライドに挿入することが可能だ。オンライン画像とストック画像は、キーワードで検索することができる。さらに、明るさ・コントラストの調整やトリミングといった、かんたんな画像編集機能も備わっている。

図形や画像ファイル形式の種類

スライドに挿入できる図形の種類

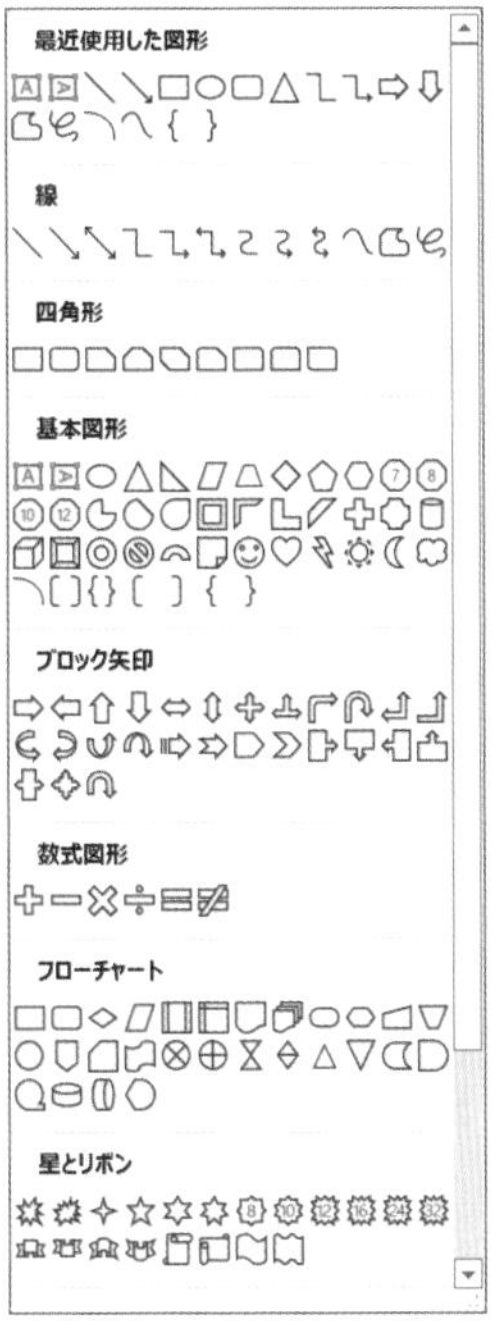

スライドに挿入できる画像ファイル形式の種類

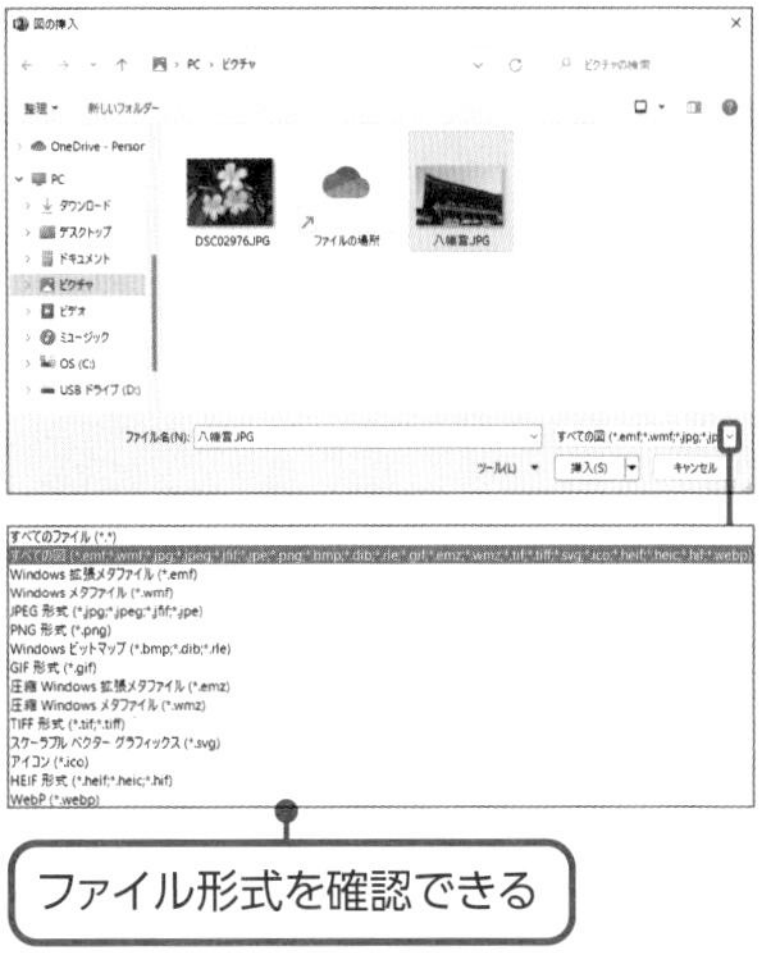

Section 11

かんたんな図形を作成する

四角形や円を描く

図形を描くには、［挿入］タブの［図形］から、目的の図形の種類をクリックする。マウスポインターの形が＋になるので、**目的のサイズになるようにスライド上を斜めにドラッグ**する。このとき、Shift を押しながらドラッグすると、縦横比が保持されるので、正方形や正円を描くことができる。作成された図形の色は、設定しているテーマによって異なるが、変更することが可能だ（54ページ参照）。

また、同じ種類の図形を連続して作成する場合は、図形の種類を選択するときに、目的の図形を右クリックして、［描画モードのロック］をクリックする。図形を作成したあとも、マウスポインターの形が＋のままなので、複数作成することが可能だ。終了したら、Esc を押すと、マウスポインターの形が元に戻る。

不要になった図形は、図形をクリックして選択し、Delete または Back space を押して削除しよう。

図形の作成

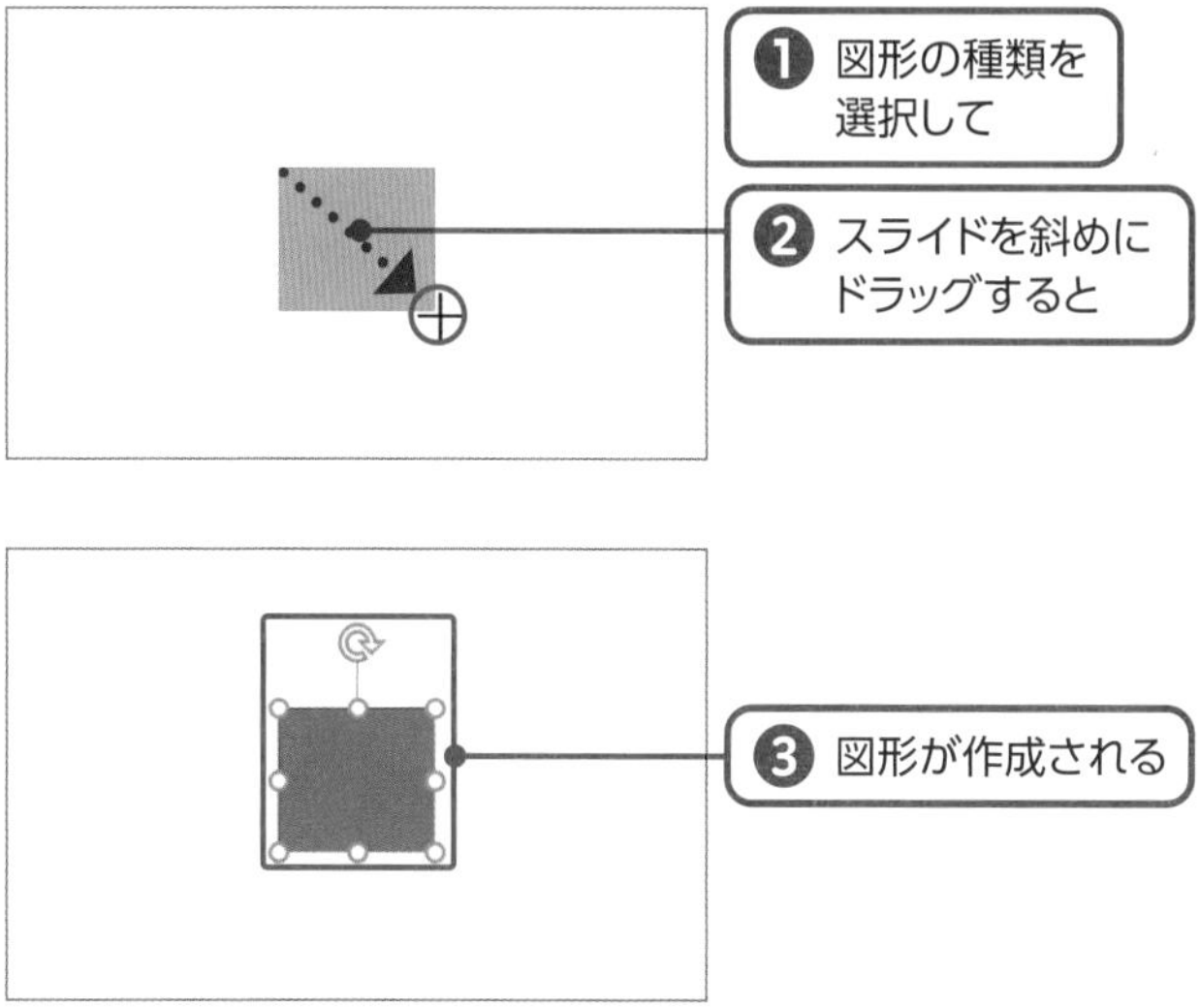
❶ 図形の種類を選択して
❷ スライドを斜めにドラッグすると
❸ 図形が作成される

One Point

- 図形の種類を選択して、スライド上を斜めにドラッグする
- Shift を押しながらドラッグすると、縦横比が固定される
- 連続して作成するときは、[描画モードのロック]を利用する

●直線や曲線を描く

線を描くには、［挿入］タブの［図形］から、目的の線の種類をクリックする。直線や直線の矢印の場合は、**描きたい長さでスライド上をドラッグ**する。このとき、Shift を押しながらドラッグすると、水平・垂直・45度の線を描くことができる。曲線の場合は、**始点と曲げる位置でクリックし、終点でダブルクリック**する。

また、2つの図形を線で結合する「コネクタ」を描くこともできるので、「フローチャート」（処理の流れを表した図）などを作成するときに利用すると便利だ。コネクタを描くには、あらかじめ図形を作成しておき、［挿入］タブの［図形］から、目的のコネクタの種類をクリックする。［線］や［線矢印］、［線矢印：双方向］も、コネクタとして利用できる。マウスポインターを図形に近づけると、図形の周囲に結合点が表示されるので、結合点にマウスポインターを合わせ、ドラッグしながらもう1つの図形にマウスポインターを近づけると、結合点が表示されるので、ドロップする。コネクタで結合された図形は、どちらかを移動しても（52ページ参照）、コネクタが伸び縮みして、結合部分は切り離されない。

作成された線の色は、設定しているテーマによって異なるが、あとから変更することができる。線の種類や太さも変更することが可能だ（56ページ参照）。

コネクタの作成

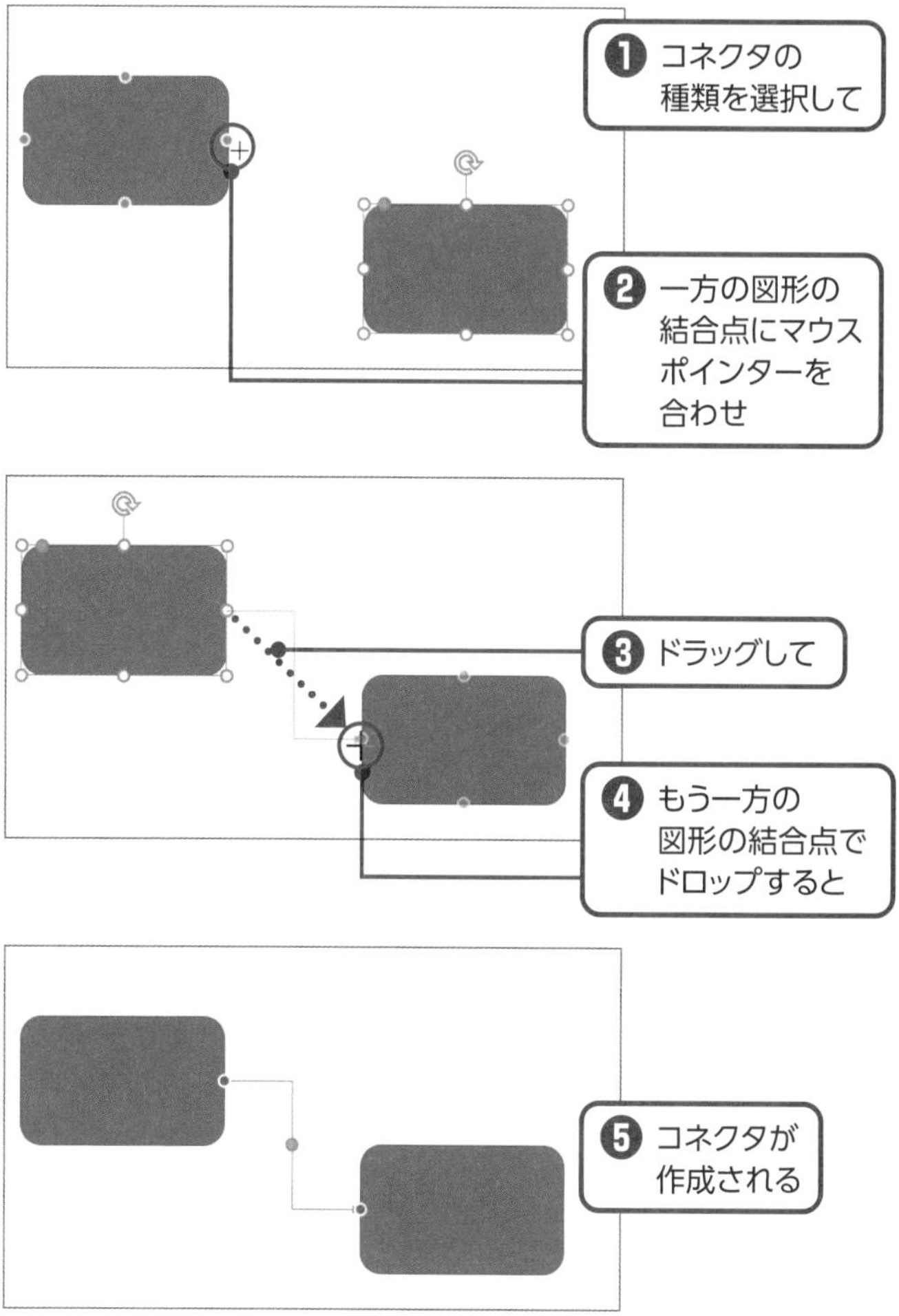
❶ コネクタの種類を選択して
❷ 一方の図形の結合点にマウスポインターを合わせ
❸ ドラッグして
❹ もう一方の図形の結合点でドロップすると
❺ コネクタが作成される

Section 12

図形のサイズや位置を変更する

●図形のサイズや形を変更する

図形のサイズを変更するには、図形をクリックして選択し、周囲に表示される**白丸のハンドルを、目的の大きさになるようにドラッグ**する。このとき、四隅のハンドルを Shift を押しながらドラッグすると、縦横比を保持できる。図形のサイズを数値で指定したい場合は、図形を選択し、［図形の書式］タブの［高さ］と［幅］のボックスにそれぞれ数値を入力する。

また、角丸四角形やブロック矢印、星、吹き出しなど、図形の種類によっては、**図形の形を変更するための黄色いハンドル**が用意されている。図形を選択して、黄色いハンドルをドラッグすると、角丸四角形の角の大きさや、ブロック矢印の矢の大きさ、吹き出しの開始位置などを変更することができる。角丸四角形を作成するときは、角を既定よりも小さく変更すると、スマートな印象になるので試してみよう。

図形のサイズ変更

❶ 図形を選択して

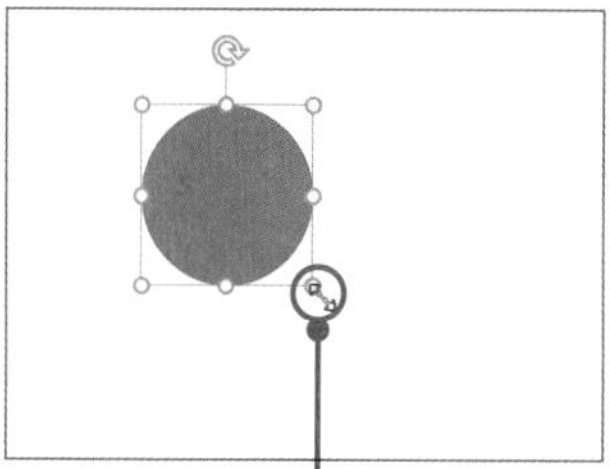

❷ 白いハンドルにマウスポインターを合わせ

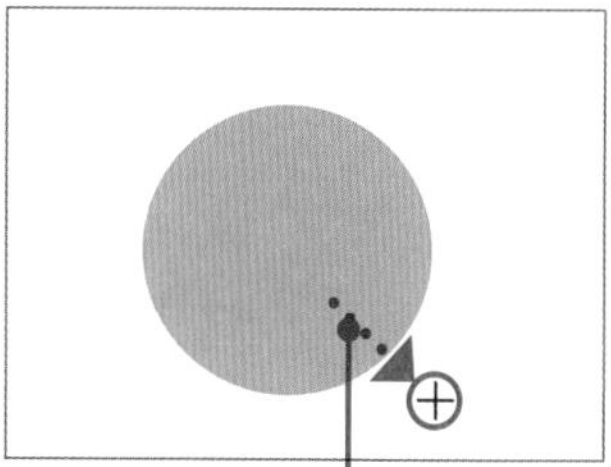

❸ 目的のサイズになるようにドラッグする

図形の形の変更

❶ 図形を選択して

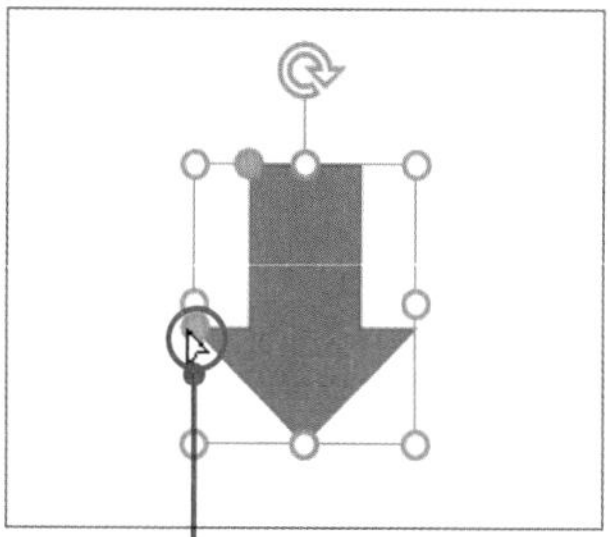

❷ 黄色いハンドルにマウスポインターを合わせ

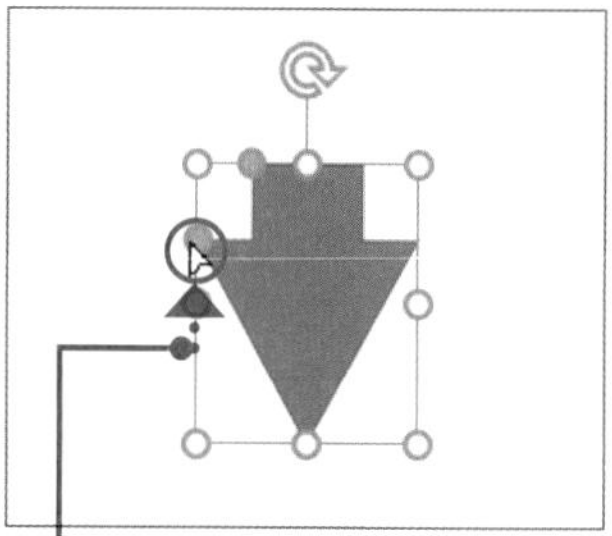

❸ ドラッグする

図形の位置や配置を変更する

図形を移動するには、図形にマウスポインターを合わせ、形が✥の状態で目的の位置までドラッグする。このとき、スライド上に赤い破線が表示されることがある。これは、「**スマートガイド**」とよばれるもので、ほかのオブジェクトやスライドの端や中央と揃ったときや、ほかのオブジェクトとの間隔が揃ったときに表示されるものなので、図形を移動するときの目安にするとよい。

図形を複数作成した場合は、新しく作成したものが上に配置される。図形の重なり順を変更するには、目的の図形を選択し、[図形の書式]タブの[前面へ移動]または[背面へ移動]をクリックする。背面の図形が隠れてしまって選択できない場合は、[ホーム]タブの[選択]から[オブジェクトの選択と表示]をクリックする。[選択]ウィンドウが表示され、スライド上のオブジェクトが一覧で表示されるので、目的の図形をクリックして選択することが可能だ。

また、複数の図形を配置するときに気をつけたいのは、**図形のサイズや位置、間隔を揃える**ことだ。目的の図形がすべて囲まれるようにドラッグするか、Ctrl または Shift を押しながら目的の図形をクリックして選択したあと、[図形の書式]タブの[配置]から、位置や間隔を揃えることができる。

複数図形の配置をきれいに揃える

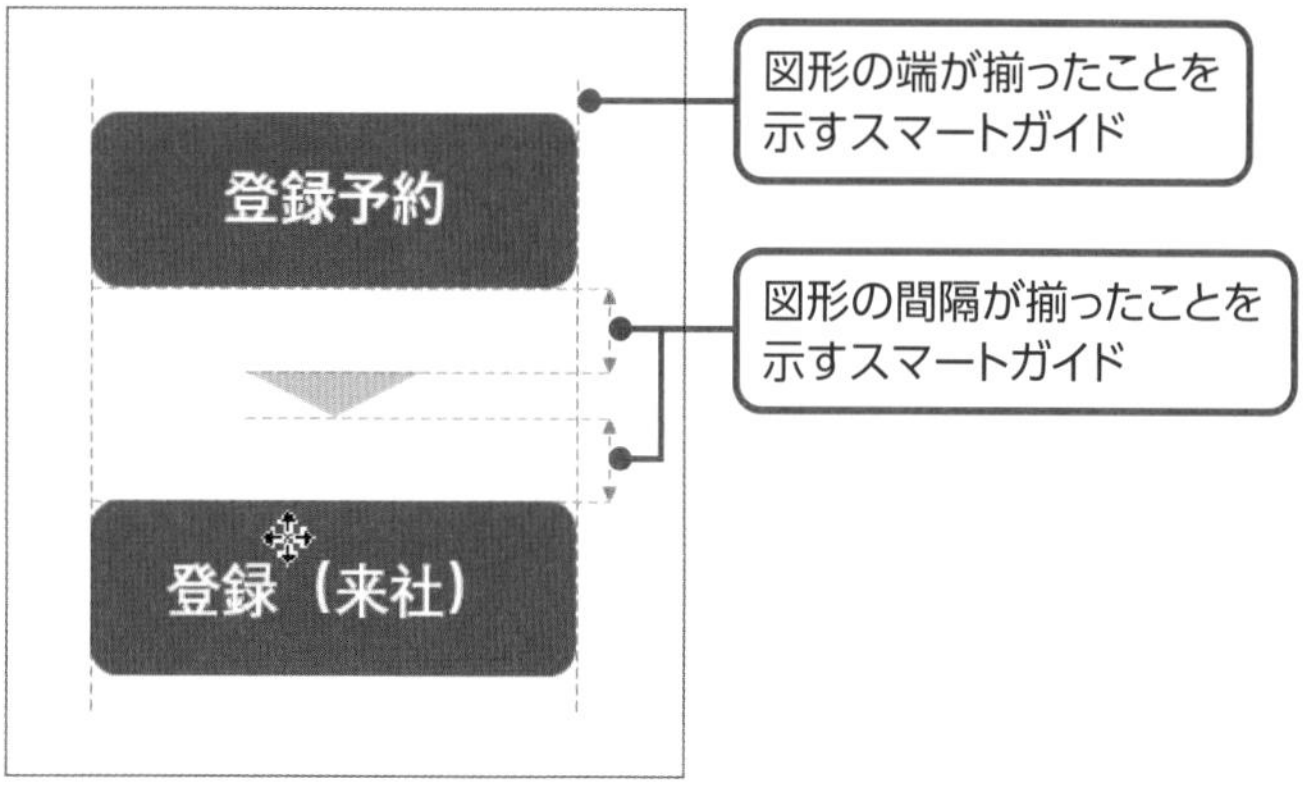
登録予約
登録（来社）
図形の端が揃ったことを示すスマートガイド
図形の間隔が揃ったことを示すスマートガイド

背面に隠れて見えない図形の選択

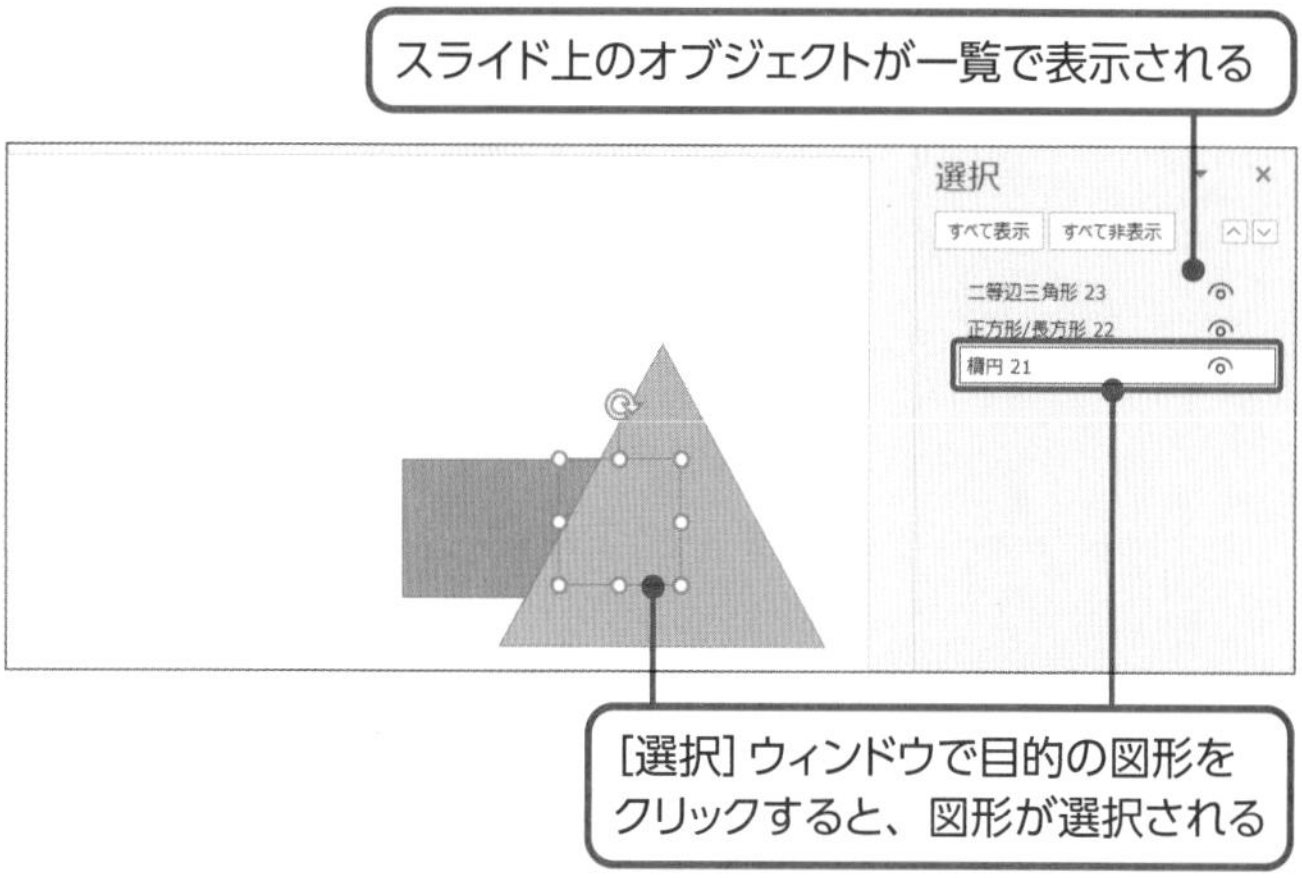
スライド上のオブジェクトが一覧で表示される
選択
すべて表示
すべて非表示
二等辺三角形 23
正方形/長方形 22
楕円 21
［選択］ウィンドウで目的の図形をクリックすると、図形が選択される

Section 13

図形の色と枠線を設定する

●図形の塗りつぶしの設定

図形を作成した直後の色は、設定しているテーマによって異なる。図形の塗りつぶしの色を変更するには、図形をクリックして選択し、**［図形の書式］タブの［図形の塗りつぶし］をクリックして、目的の色を選択**する。透明にしたい場合は、［塗りつぶしなし］を選択しよう。

［図形の塗りつぶし］の［グラデーション］には、あらかじめ複数のグラデーションパターンが用意されているので、かんたんにグラデーションを設定することができる。オリジナルのグラデーションパターンを作成することも可能だ。また、［テクスチャ］からは、［紙］や［大理石］、［木目］などのテクスチャを設定することができる。

ほかには、影やぼかし、面取りなどの効果も設定することができる。その場合は、［図形の書式］タブの［図形の効果］から、目的の効果を選択する。ただし、頻繁に使うと見づらくなってしまうので、どうしても使いたいところだけにしよう。

図形の塗りつぶしの設定

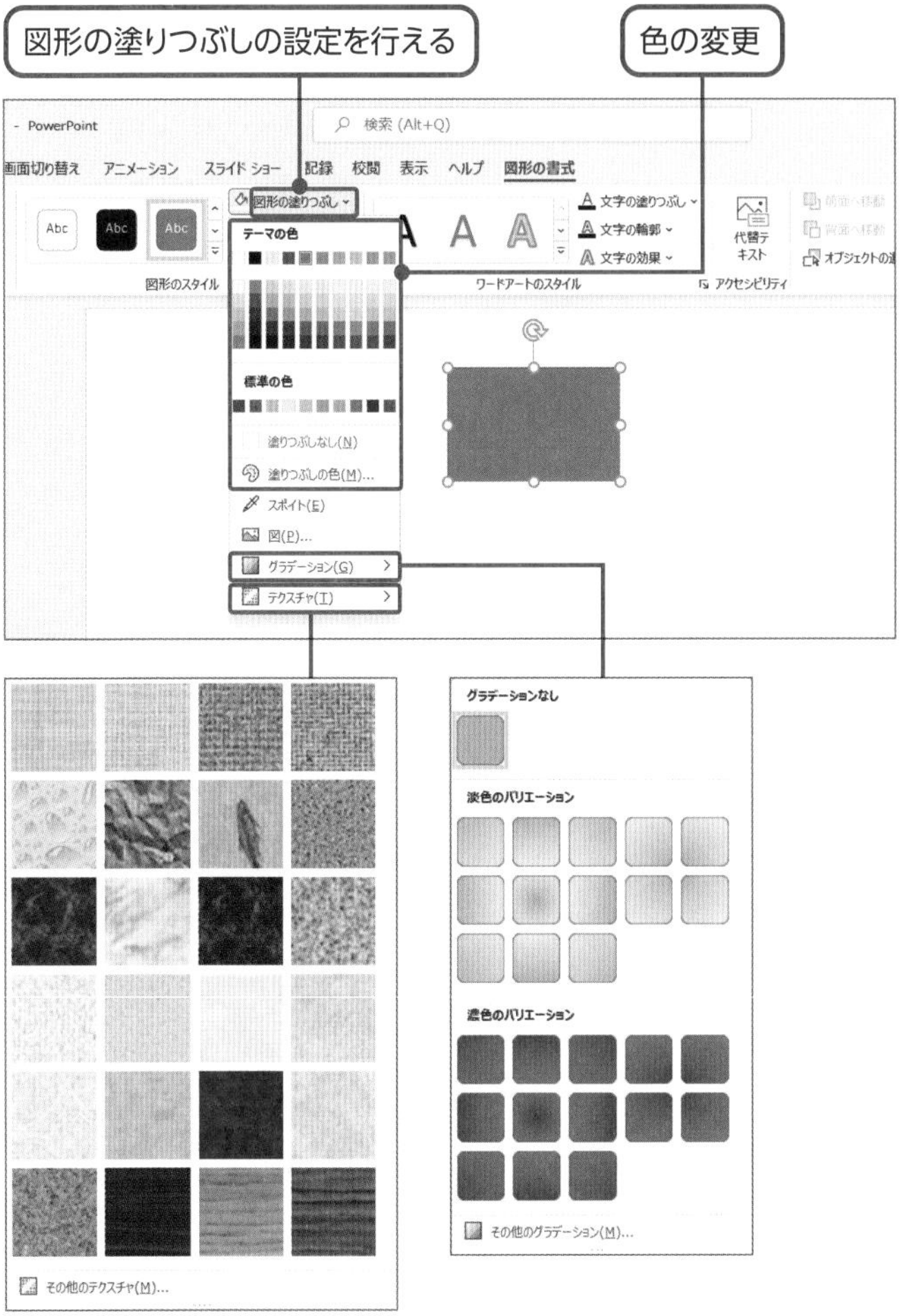

●図形の枠線の色や太さの設定

図形の枠線や直線、曲線の色と太さは、**［図形の書式］**タブの**［図形の枠線］**から変更することができる。枠線をなくしたい場合は、［枠線なし］を選択しよう。［太さ］の一覧には［6pt］までしかないが、それよりも太くしたい場合は［その他の線］を選択する。［図形の書式設定］作業ウィンドウが表示されるので、［幅］に数値を入力して指定することが可能だ。

図形の枠線や直線は、既定では実線だが、［実線／点線］から点線や破線に変更することができるし、［図形の書式設定］作業ウィンドウの［一重線／多重線］には二重線も用意されている。また、［図形の枠線］の［矢印］を利用すると、直線や曲線を矢印に変更することが可能だ。

パワーポイントには、枠線や塗りつぶしの色や影などの書式が組み合わされた「**スタイル**」が用意されている。［図形の書式］タブの［図形のスタイル］を利用すると、図形のデザインをかんたんに整えることができる。

複数の図形を配置している場合は、まとまりがなくなってしまうので、色数を多くしないように気をつけよう。異なるスライドでも、1つのプレゼンテーション内では、なるべく色を揃えたほうがよい。

図形の枠線の設定

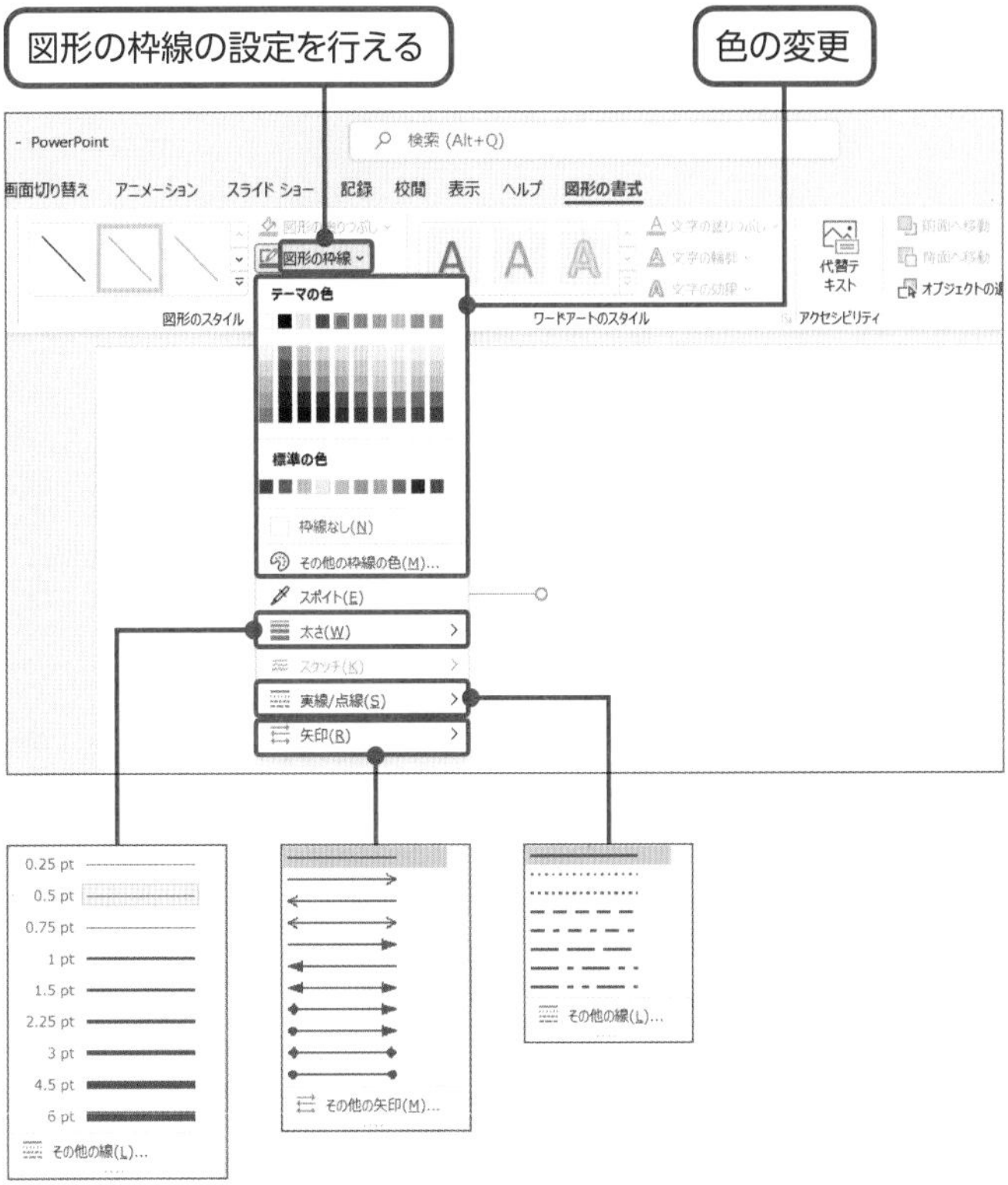
図形の枠線の設定を行える
色の変更
PowerPoint
検索 (Alt+Q)
画面切り替え アニメーション スライド ショー 記録 校閲 表示 ヘルプ 図形の書式
図形の枠線
図形のスタイル
ワードアートのスタイル
代替テキスト
アクセシビリティ
オブジェクトの選
テーマの色
標準の色
枠線なし(N)
その他の枠線の色(M)...
スポイト(E)
太さ(W)
スケッチ(K)
実線/点線(S)
矢印(R)
0.25 pt
0.5 pt
0.75 pt
1 pt
1.5 pt
2.25 pt
3 pt
4.5 pt
6 pt
その他の線(L)...
その他の矢印(M)...
その他の線(L)...

Section 14

図形の中に文字を入れる

作成した図形に文字を入力する

楕円や長方形、三角形、ブロック矢印などの図形には、文字を入力することができる。文字は、**図形をクリックして選択すれば、そのまま入力できる。**

図形に入力した文字の周囲の余白や、文字の垂直方向の配置を変更したい場合は、図形を選択し、［図形の書式］タブの［図形のスタイル］グループのダイログボックス起動ツールをクリックする。［図形の書式設定］作業ウィンドウが表示されるので、［文字のオプション］の［テキストボックス］で目的の項目を設定しよう。

なお、図形は不要で、プレースホルダー以外の場所に文字を配置したい場合は、「**テキストボックス**」を利用しよう。［挿入］タブの［テキストボックス］の下部をクリックして、［横書きテキストボックスの描画］または［縦書きテキストボックス］をクリックする。スライド上をクリックすると、テキストボックスが作成されるので、文字を入力する。テキストボックスの塗りつぶしの色や枠線の設定は、図形と同様に変更できる。

図形内への文字の入力

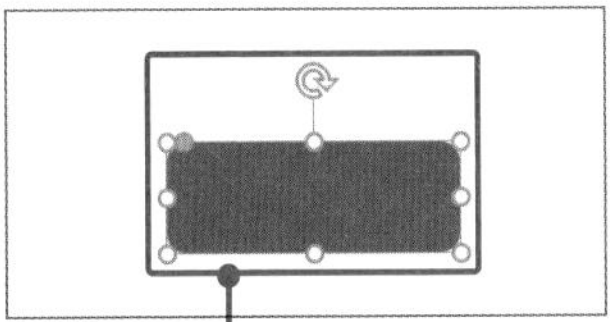

❶ 図形を選択し

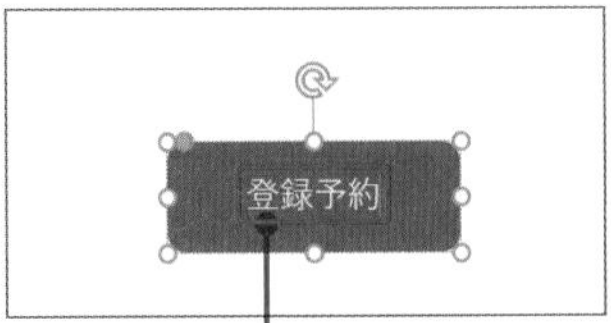

❷ 文字を入力する

テキストボックスの作成

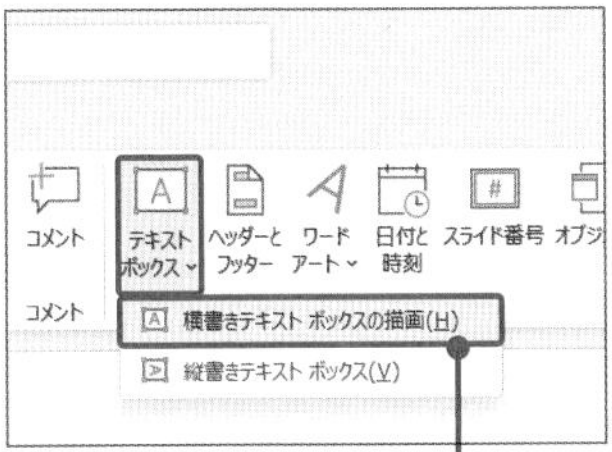

❶ テキストボックスの種類を選択し

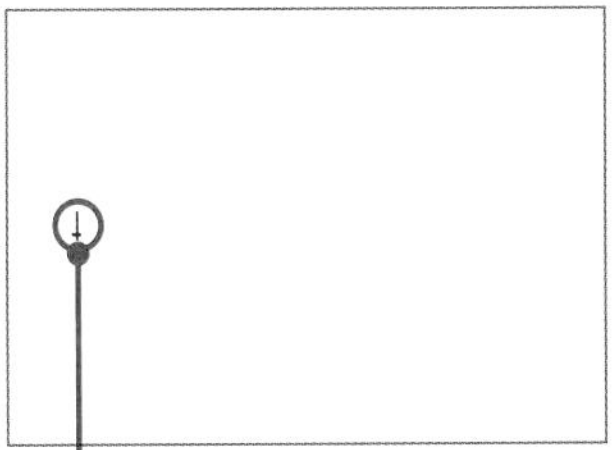

❷ スライド上をクリックすると

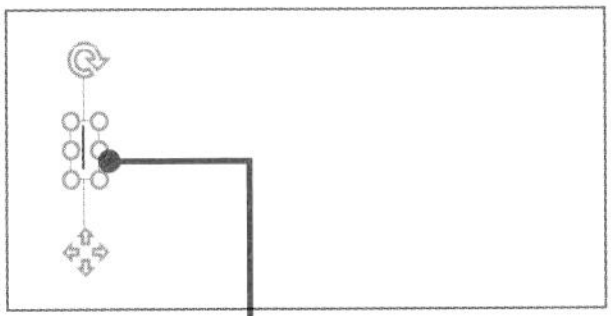

❸ テキストボックスが作成されるので

❹ 文字を入力する

Section 15

情報を整理するならスマートアート

図表で情報をわかりやすく

流れや階層などの情報は、文章で説明するよりも、図で整理したほうがわかりやすい。パワーポイントには、「スマートアート」という図表を作成する機能が用意されている。[リスト]、[手順]、[循環]、[階層構造]、[集合関係]、[マトリックス]、[ピラミッド]、[図] の8種類に分類されたレイアウトから、目的のレイアウトを選択し、図形に文字を入力するだけで図表を作成できる。たとえば、箇条書きを視覚的に見せるなら [リスト]、進行やフローを示すなら [手順]、一方向または双方向の循環を示すなら [循環] といった使い方ができる。また、[集合関係] には、2つの案を比較する [バランス] や [長所と短所]、[対立とバランスの矢印] などのレイアウト、重複関係を示す [基本ベン図]、[包含形ベン図] などのレイアウトが含まれている。

図形の数やデザインはあとから変更できるので、作成する際はレイアウトを基準に選ぼう。

スマートアートで作成できるおもな図表

● [リスト]([図])ー[横方向画像リスト]

画像入りの図も作成できる

● [循環]ー[基本の循環]

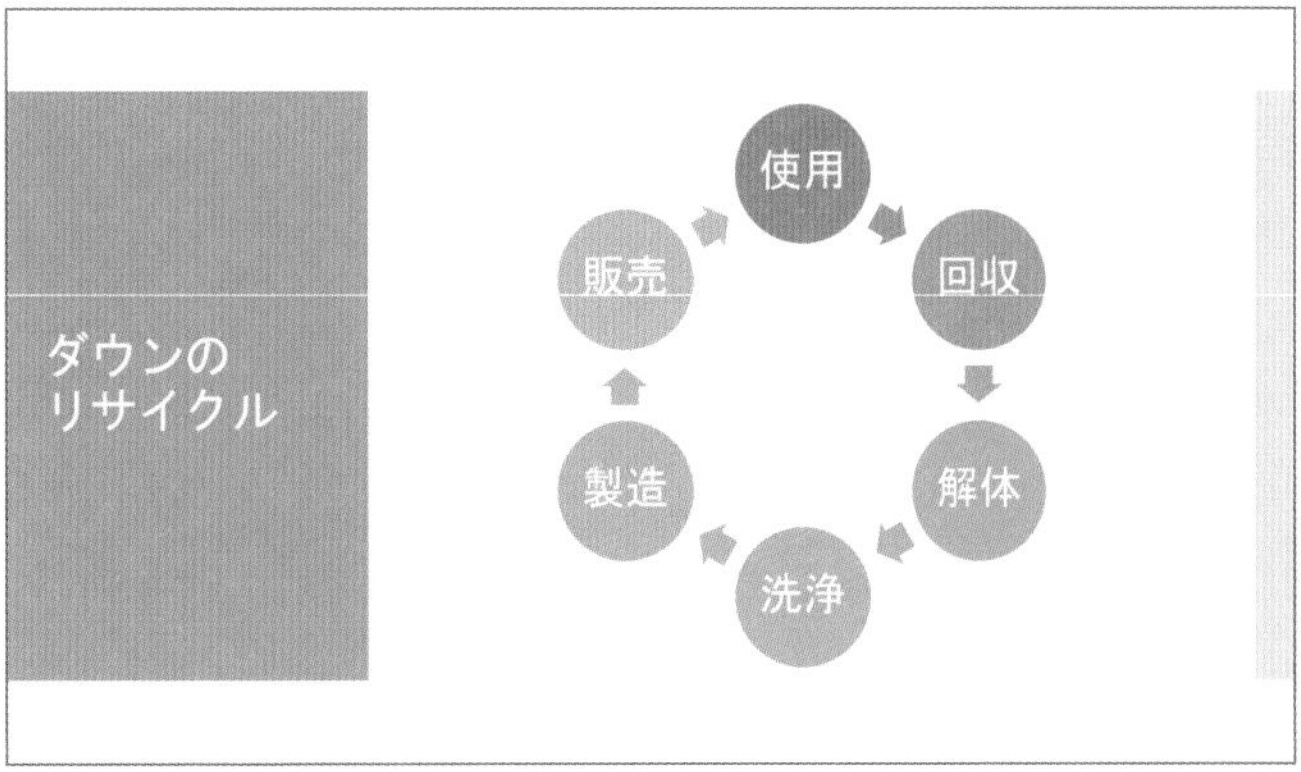

Section 16

スマートアートで組織図を作る

スライドにスマートアートを挿入する

このセクションでは、**組織図**を例に、スマートアートの作成と編集方法を解説する。

スライドにスマートアートを挿入するには、スライドのコンテンツの**プレースホルダーの［SmartArtグラフィックの挿入］のアイコン**、または**［挿入］タブの［SmartArt］**をクリックする。［SmartArtグラフィックの選択］ダイアログボックスが表示されるので、左側の分類で［階層構造］をクリックし、目的のレイアウトを選択して、［ＯＫ］をクリックする。スライドにスマートアートが挿入されるので、各図形をクリックして選択し、文字を入力する。

なお、箇条書きのレイアウトのスマートアートの場合は、図形の最後の箇条書きの文字を入力したあと、Enterを押すと、行頭記号が追加されるので、箇条書きの項目を追加できる。また、図入りのスマートアートの場合は、図のアイコンをクリックすると、画像を挿入できる（68～71ページ参照）。

スマートアートの挿入

❶ クリックして

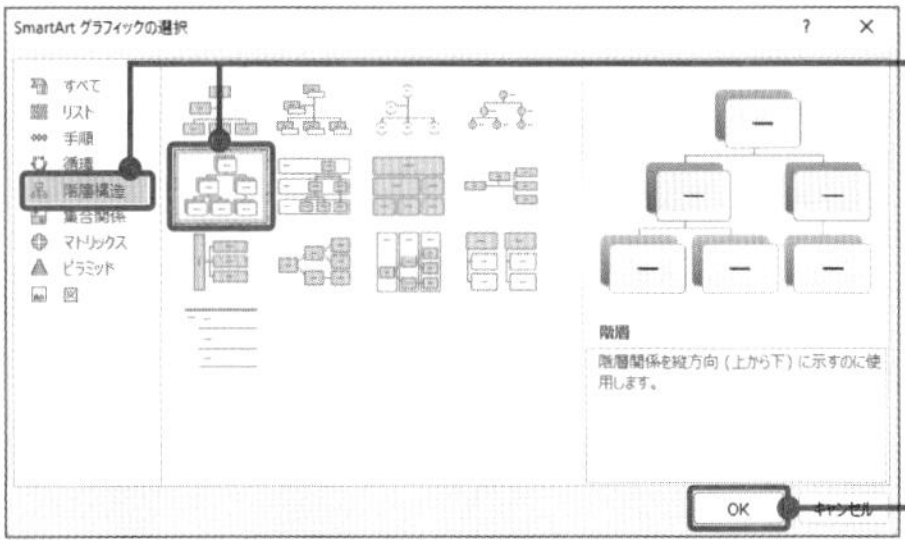

❷ レイアウトを選択し

❸ クリックして

❹ 各図形に文字を入力する

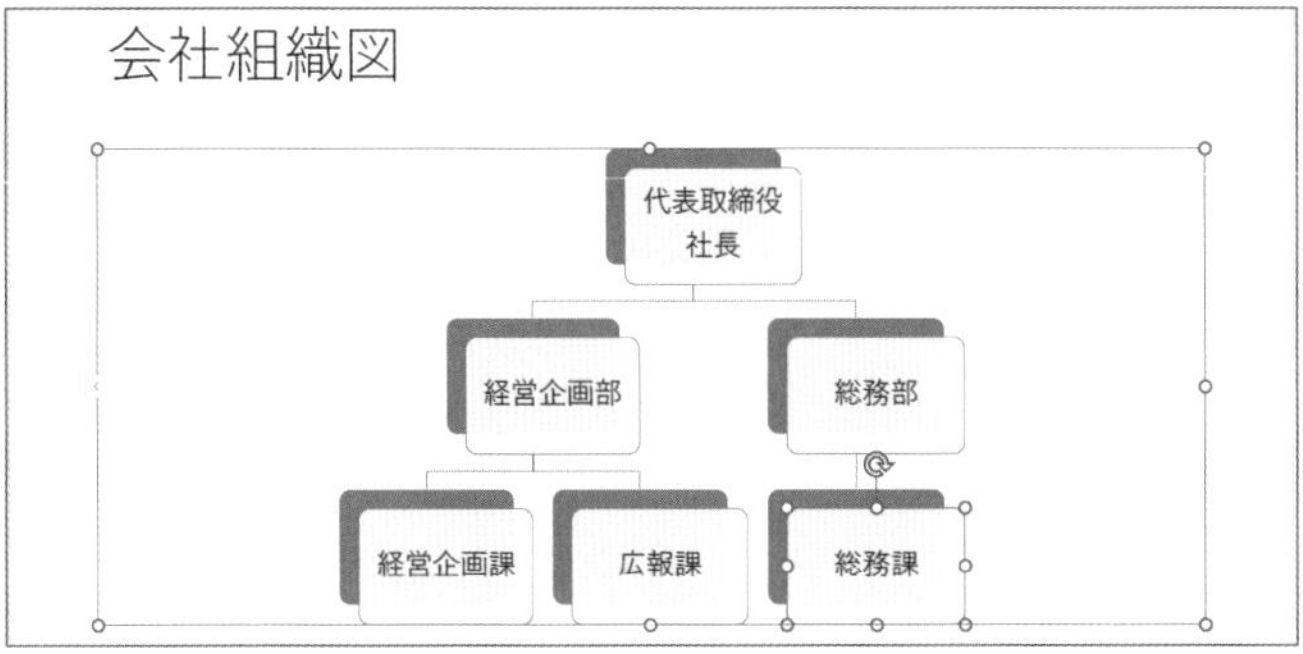

●スマートアートに図形を追加する

スマートアートに**図形を追加**するには、追加したい位置の上下左右、いずれかの隣にある図形をクリックして選択し、［SmartArt のデザイン］タブの［図形の追加］の ⌄ をクリックして、図形を追加する位置を選択する。

スマートアートのレイアウトによっては、階層構造を示す「**レベル**」が図形に設定されている。［後に追加］または［前に追加］を選択すると同じレベルの図形が追加され、［上に図形を追加］または［下に図形を追加］を選択すると、異なるレベルの図形が追加される。

また、図形を追加したあとに、**レベルを変更**することも可能だ。その場合は、目的の図形をクリックして選択し、［SmartArt のデザイン］タブの［レベル上げ］または［レベル下げ］をクリックする。

スマートアート全体の**サイズを調整**したい場合は、スマートアート外側の枠線をクリックして、スマートアート全体を選択する。周囲に白いハンドルが表示されるので、目的のサイズになるようにドラッグする。また、スマートアートの**位置を調整**するには、スマートアート全体を選択し、外側の枠線にマウスポインターを合わせて目的の位置までドラッグする。

図形の追加

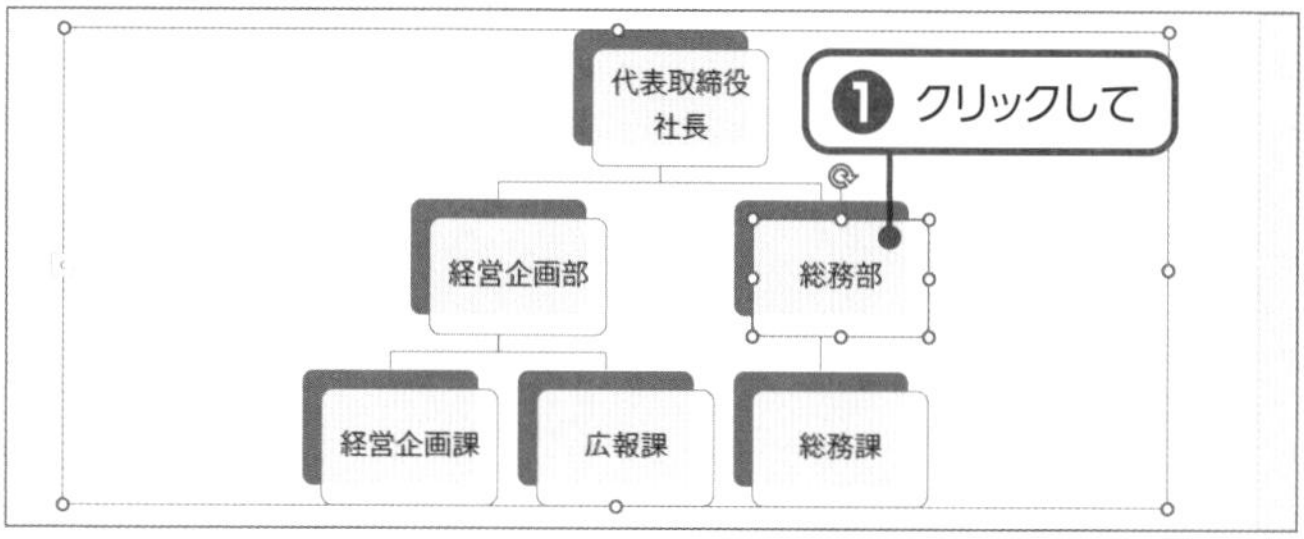

❶ クリックして
代表取締役
社長
経営企画部
総務部
経営企画課
広報課
総務課

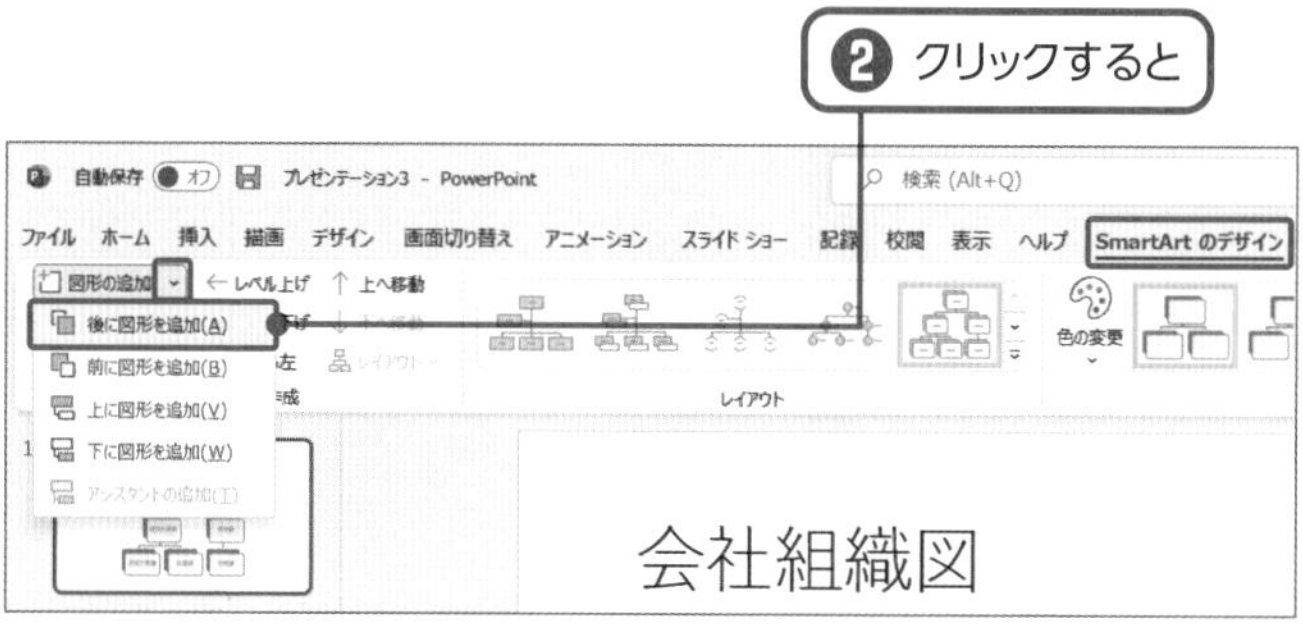

❷ クリックすると
自動保存 オフ
プレゼンテーション3 - PowerPoint
検索 (Alt+Q)
ファイル
ホーム
挿入
描画
デザイン
画面切り替え
アニメーション
スライド ショー
記録
校閲
表示
ヘルプ
SmartArt のデザイン
図形の追加
レベル上げ
上へ移動
後に図形を追加(A)
前に図形を追加(B)
上に図形を追加(V)
下に図形を追加(W)
アシスタントの追加(T)
レイアウト
色の変更
会社組織図

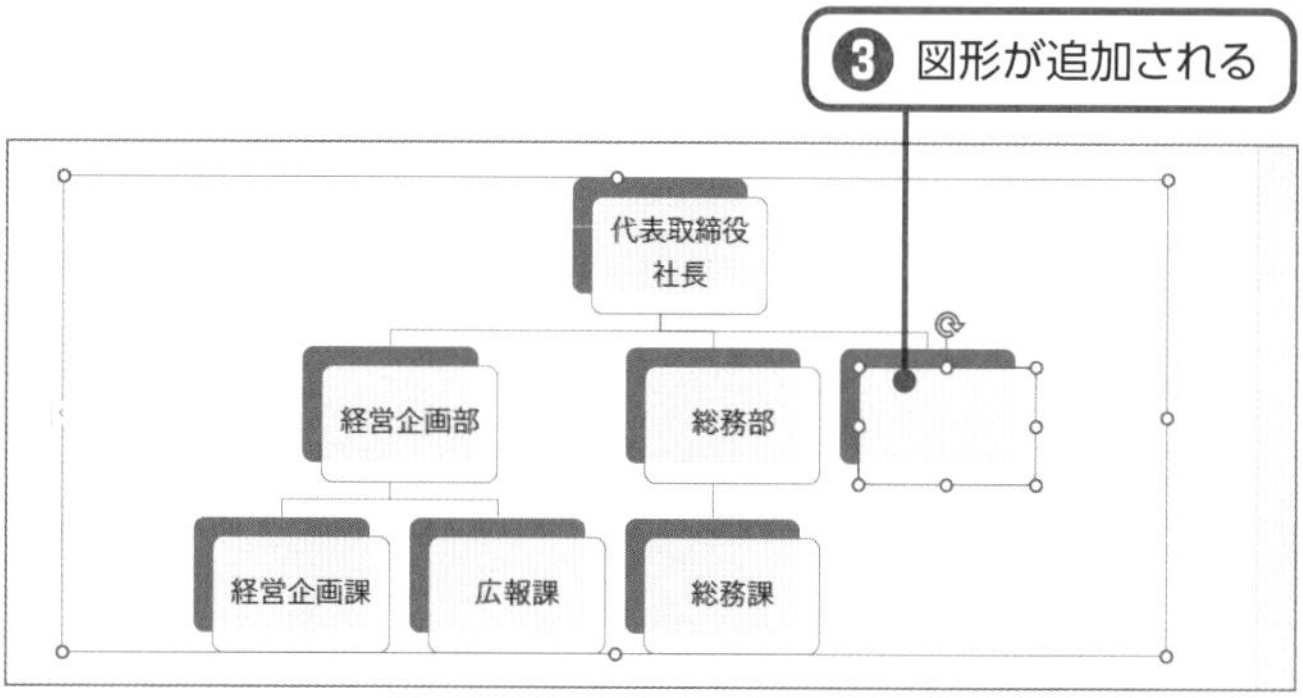

❸ 図形が追加される
代表取締役
社長
経営企画部
総務部
経営企画課
広報課
総務課

●スマートアートのデザインを編集する

スマートアートのデザインを変更する方法は、いくつかある。

まずは、「**スタイル**」を利用する方法だ。［SmartArt のデザイン］タブの［SmartArt のスタイル］には、3－D効果やグラデーションなどのスタイルが用意されているので、かんたんにデザインを整えることができる。ただし、「ブロック」や「バードアイ」といった、文字が読みづらくなってしまうスタイルは避けたほうがよい。

次に、スマートアート全体の色を変更する方法だ。［SmartArt のデザイン］タブの［**色の変更**］には、カラーバリエーションが用意されているので、アクセントの色のグラデーションにしたり、アクセントの色を何種類か利用してカラフルにしたりすることができる。

最後は、スマートアートの**各図形の書式を変更**する方法だ。目的の図形をクリックして選択し、［書式］タブから図形の塗りつぶしや枠線、スタイルを変更する。これは、通常の図形と同じ方法で行える（54～57ページ参照）。スマートアート全体の色を［SmartArt のデザイン］タブの［色の変更］で1色に設定しておき、強調したい図形だけ［書式］タブの［図形の塗りつぶし］で違う色にするといった使い方ができる。

スマートアートのデザインの変更

[SmartArtのデザイン] タブ

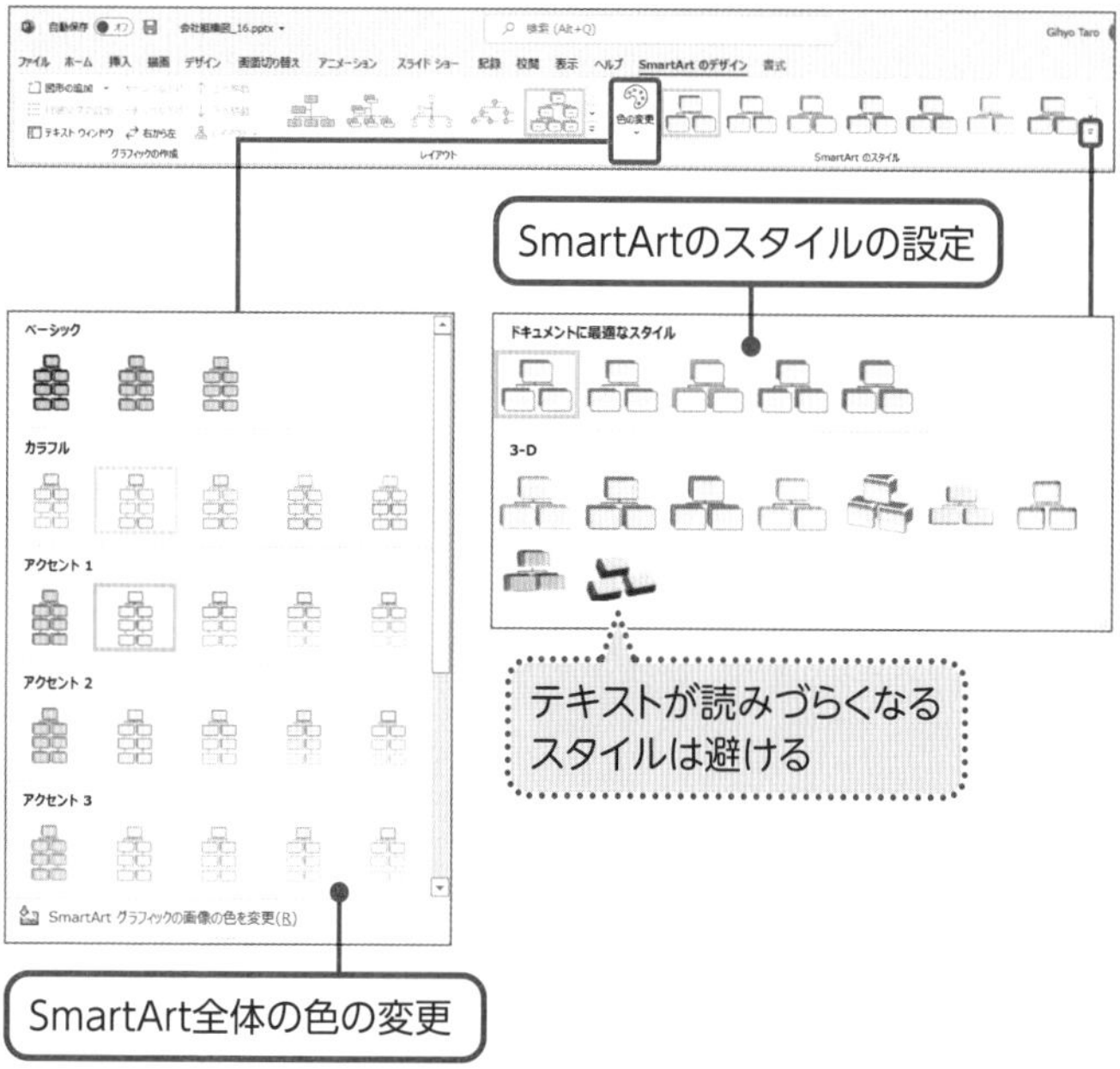

[書式] タブ

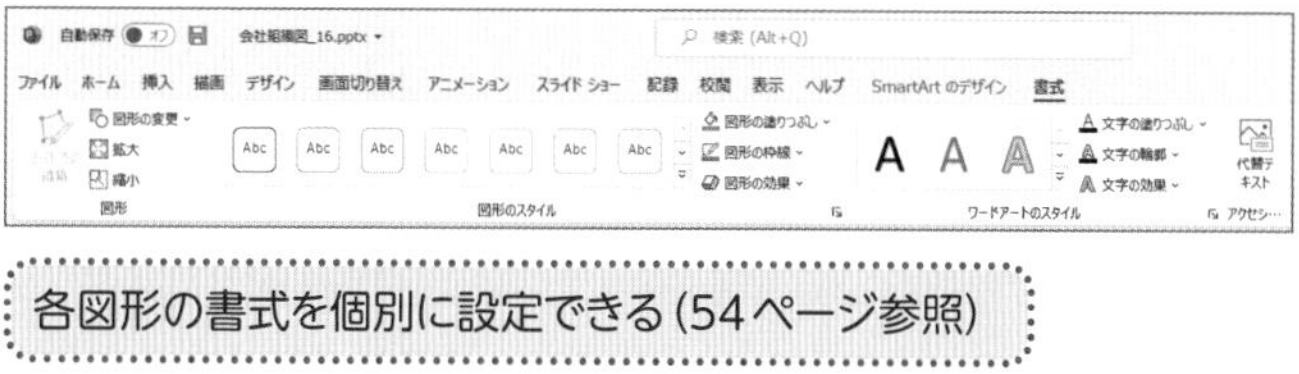

各図形の書式を個別に設定できる（54ページ参照）

Section 17

スライドに写真を載せる

パソコンに保存されている写真を挿入する

パソコンに保存されている写真をスライドに挿入するには、**プレースホルダーの［図］のアイコン**、または**［挿入］タブの［画像］から［このデバイス］**をクリックする。［図の挿入］ダイアログボックスが表示されるので、写真の保存場所とファイルを指定し、［挿入］をクリックする。

挿入した写真を移動したい場合は、写真にマウスポインターを合わせて目的の位置までドラッグする。写真のサイズを変更したい場合は、写真をクリックして選択し、周囲に表示される白いハンドルを、目的のサイズになるようにドラッグする。このとき注意してほしいのは、写真の縦横比を変えないことだ。縦長もしくは横長に歪んだ写真は、非常に見苦しい。写真の四隅の白いハンドルをドラッグすると、写真の縦横比が保持される。

なお、不要になった写真は、選択して Delete または Back space を押すと削除できる。

画像の挿入

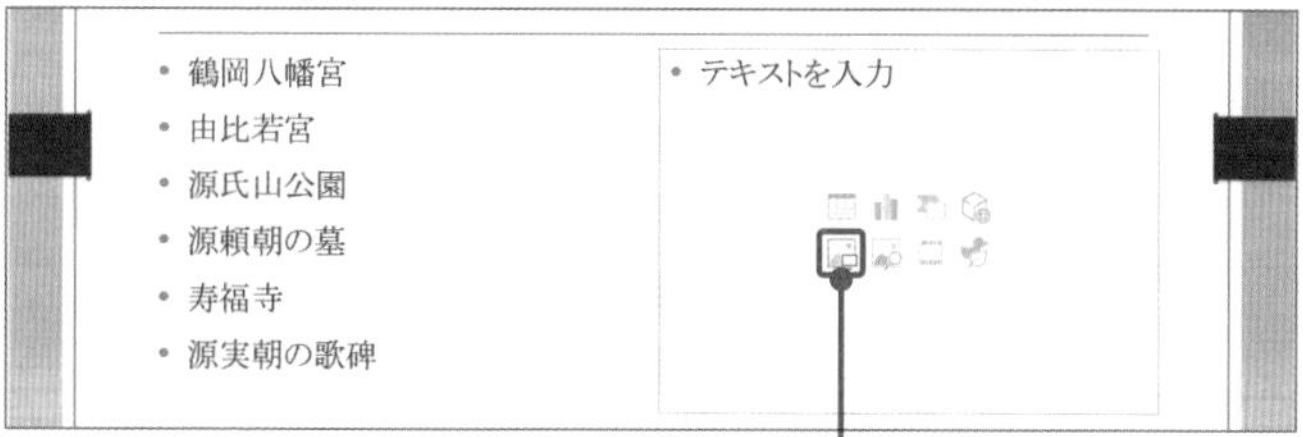
鶴岡八幡宮
由比若宮
源氏山公園
源頼朝の墓
寿福寺
源実朝の歌碑
テキストを入力
❶ クリックして

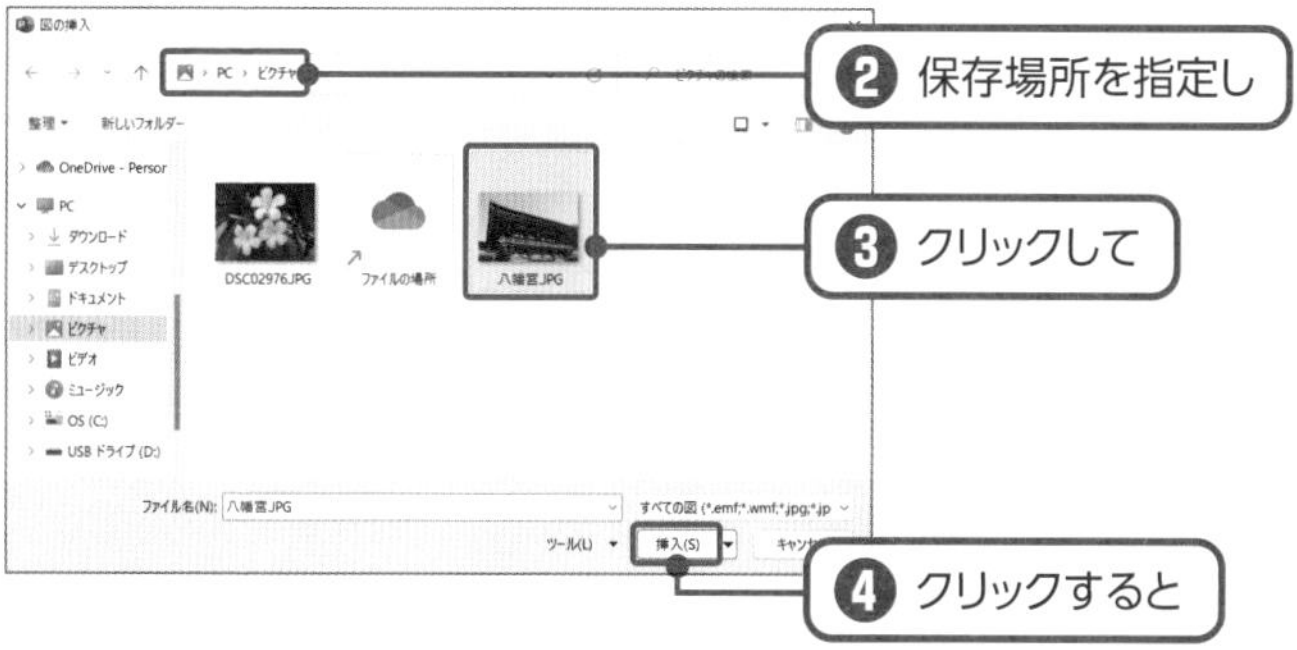
図の挿入
PC › ピクチャ
整理
新しいフォルダー
OneDrive - Persor
PC
ダウンロード
デスクトップ
ドキュメント
ピクチャ
ビデオ
ミュージック
OS (C:)
USB ドライブ (D:)
DSC02976.JPG
ファイルの場所
八幡宮.JPG
ファイル名(N):
八幡宮.JPG
ツール(L)
挿入(S)
❷ 保存場所を指定し
❸ クリックして
❹ クリックすると

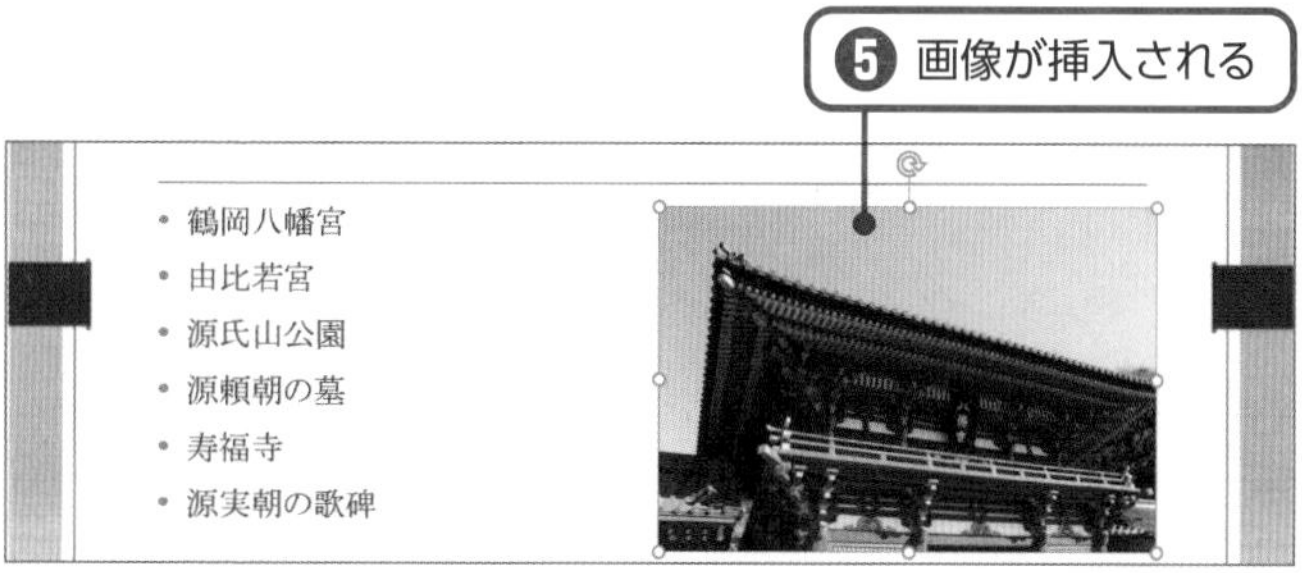
❺ 画像が挿入される
鶴岡八幡宮
由比若宮
源氏山公園
源頼朝の墓
寿福寺
源実朝の歌碑

●「ストック画像」を利用する

スライドに風景やビジネスシーン、ＩＴなどのイメージ写真を使いたい場合はどうするか？　インターネットで著作権フリーの写真を探すのもひとつの方法だが、検索したり、著作権や使用方法を確認したりするのは面倒だし、時間もかかる。おすすめしたいのは、**「ストック画像」**の活用だ。「ストック画像」は、オフィスに用意されている無料で著作権フリーの画像やアイコン（76ページ参照）、イラストなどの素材集のことだ。

ストック画像を挿入するには、プレースホルダーの［ストック画像］アイコン、または［挿入］タブの［画像］から［ストック画像］をクリックする。［画像］をクリックして、ボックスに探したい写真のキーワードを入力すると、該当する画像が表示されるので、目的の画像を選択し、［挿入］をクリックする。

パワーポイントには、インターネット上に公開されている写真を検索して挿入できる「オンライン画像」という機能も用意されている。利用する場合は、［挿入］タブの［画像］から［オンライン画像］をクリックする。ボックスにキーワードを入力すると、該当する画像が表示されるので、目的の画像を選択し、［挿入］をクリックする。なお、オンライン画像を利用する場合は、著作権や表記、使用条件などに十分注意しよう。

ストック画像の挿入

❶ クリックして

❷ キーワードを入力し

❸ クリックして

❹ クリックする

Section 18

写真を見やすく加工する

写真の明るさなどを補整する

スライドに挿入した写真が暗くて見づらい、少しピントがボケているなどの場合は、補整して見やすくしよう。フォトレタッチソフトがなくても、パワーポイントにはかんたんな画像加工機能が用意されている。

明るさとコントラスト（明暗の差）を調整したい場合は、写真をクリックして選択し、［図の形式］タブの［修整］の［明るさ／コントラスト］から、目的の明るさとコントラストの組み合わせを選択する。また、**被写体の輪郭をはっきりさせたり、ぼかしたり**したい場合は、［修整］の［シャープネス］から、［シャープネス］または［ソフトネス］を指定する。

なお、細かく調整したい場合は、［図の修整オプション］をクリックする。［図の書式設定］作業ウィンドウが表示されるので、目的の項目に数値を入力して設定することが可能だ。

写真の修整

❶ クリックして

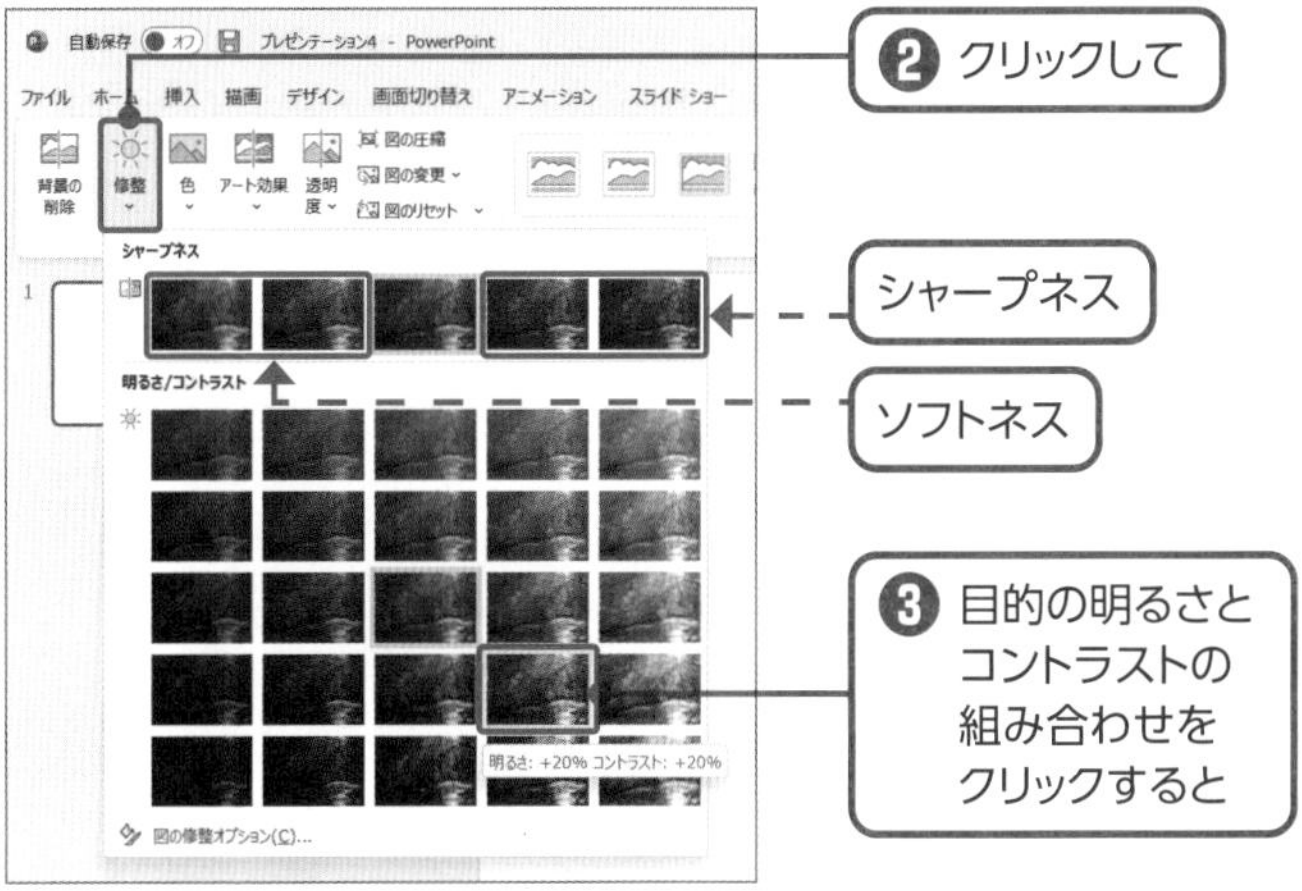
自動保存 オフ プレゼンテーション4 - PowerPoint
ファイル ホーム 挿入 描画 デザイン 画面切り替え アニメーション スライド ショー
背景の削除 修整 色 アート効果 透明度 図の圧縮 図の変更 図のリセット
シャープネス
明るさ/コントラスト
明るさ: +20% コントラスト: +20%
図の修整オプション(C)...
❷ クリックして
シャープネス
ソフトネス
❸ 目的の明るさとコントラストの組み合わせをクリックすると

❹ 明るさとコントラストが修整される

●写真の必要な部分だけをトリミングする

写真に不要なものが写り込んでしまったものをそのままスライドに貼り付けると、非常に見栄えが悪い。また、写真のサイズの割に被写体が小さすぎるときは、何が写っているのかわかりづらい。このような場合は、写真をトリミングして、不要な部分を削除し、被写体をしっかりと目立たせよう。「**トリミング**」とは、**写真の特定の範囲を切り抜く**ことだ。

トリミングするには、写真を選択して、［図の形式］タブの［トリミング］のアイコン部分をクリックする。写真の周囲に黒いハンドルが表示されるので、必要な部分が黒いハンドルの枠内に収まるようにハンドルをドラッグし、写真以外の部分をクリックすると、トリミングが確定される。

また、写真を楕円やハート、吹き出しなどの形で切り抜くことも可能だ。その場合は、［図の形式］タブの［トリミング］の下部をクリックし、［図形に合わせてトリミング］をポイントして、目的の図形をクリックする。図形に合わせてトリミングしたあと、図形の大きさやトリミングの位置を調整したい場合は、［トリミング］のアイコン部分をクリックする。写真の周囲に黒いハンドルが表示されるので、黒いハンドルをドラッグすると図形の大きさが、画像をドラッグすると表示される範囲が変わる。

写真のトリミング

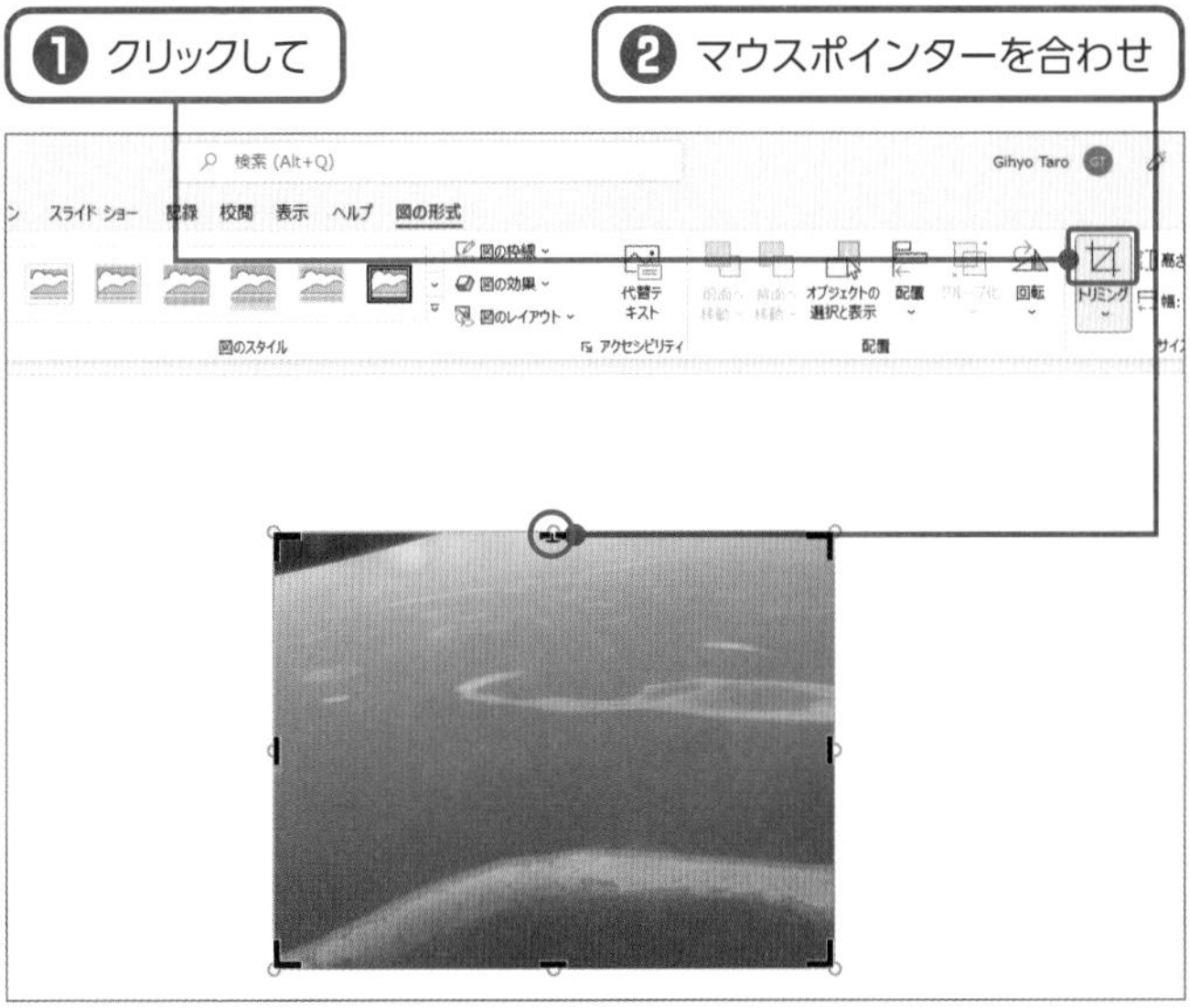

❶ クリックして
❷ マウスポインターを合わせ
検索 (Alt+Q)
Gihyo Taro
スライド ショー
記録
校閲
表示
ヘルプ
図の形式
図の枠線
図の効果
図のレイアウト
代替テキスト
オブジェクトの選択と表示
配置
回転
トリミング
図のスタイル
アクセシビリティ

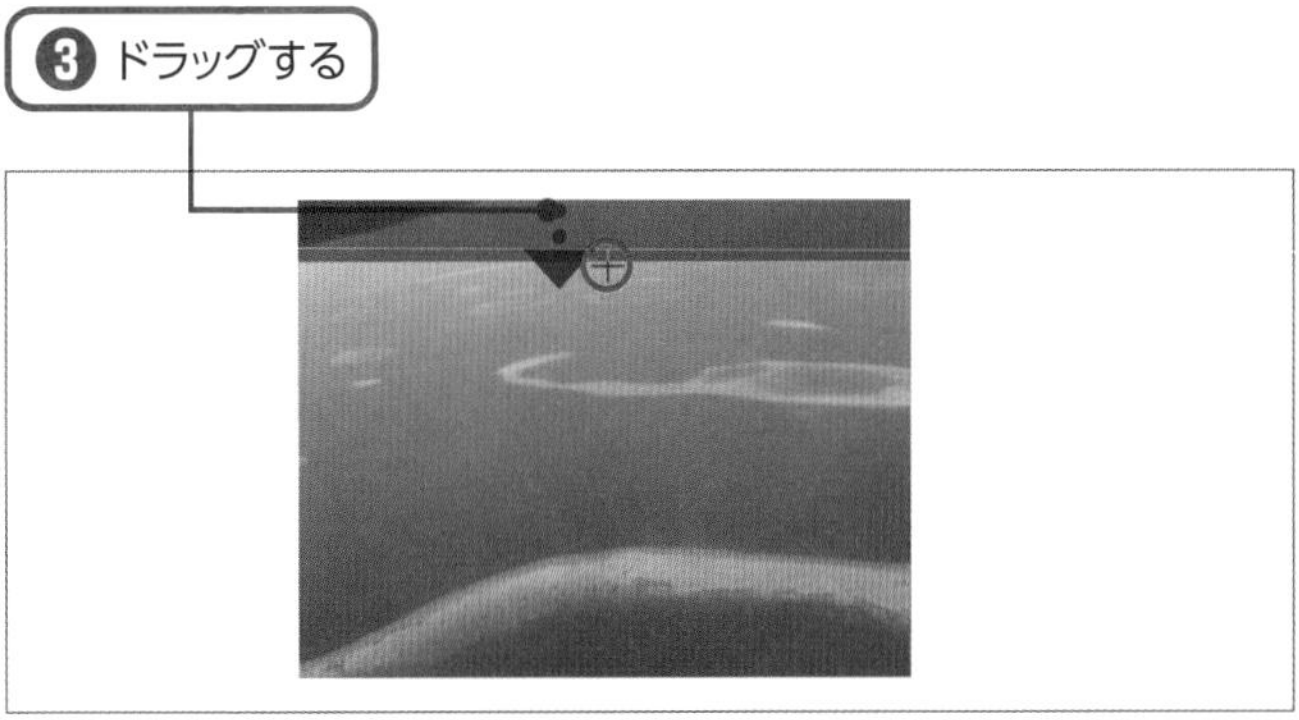

❸ ドラッグする

Column

アイコンを活用する

「ストック画像」(70ページ参照)に含まれる「アイコン」は、無料で利用できるシルエットのイラスト素材だ。

アイコンを挿入するには、[挿入]タブの[アイコン]をクリックする。下図が表示されるので、カテゴリをクリックするか、キーワードを入力して検索し、目的のアイコンをクリックして、[挿入]をクリックする。

既定では塗りつぶしの色は黒だが、[グラフィック形式]タブの[グラフィックの塗りつぶし]から変更することも可能だ。

●アイコンの挿入

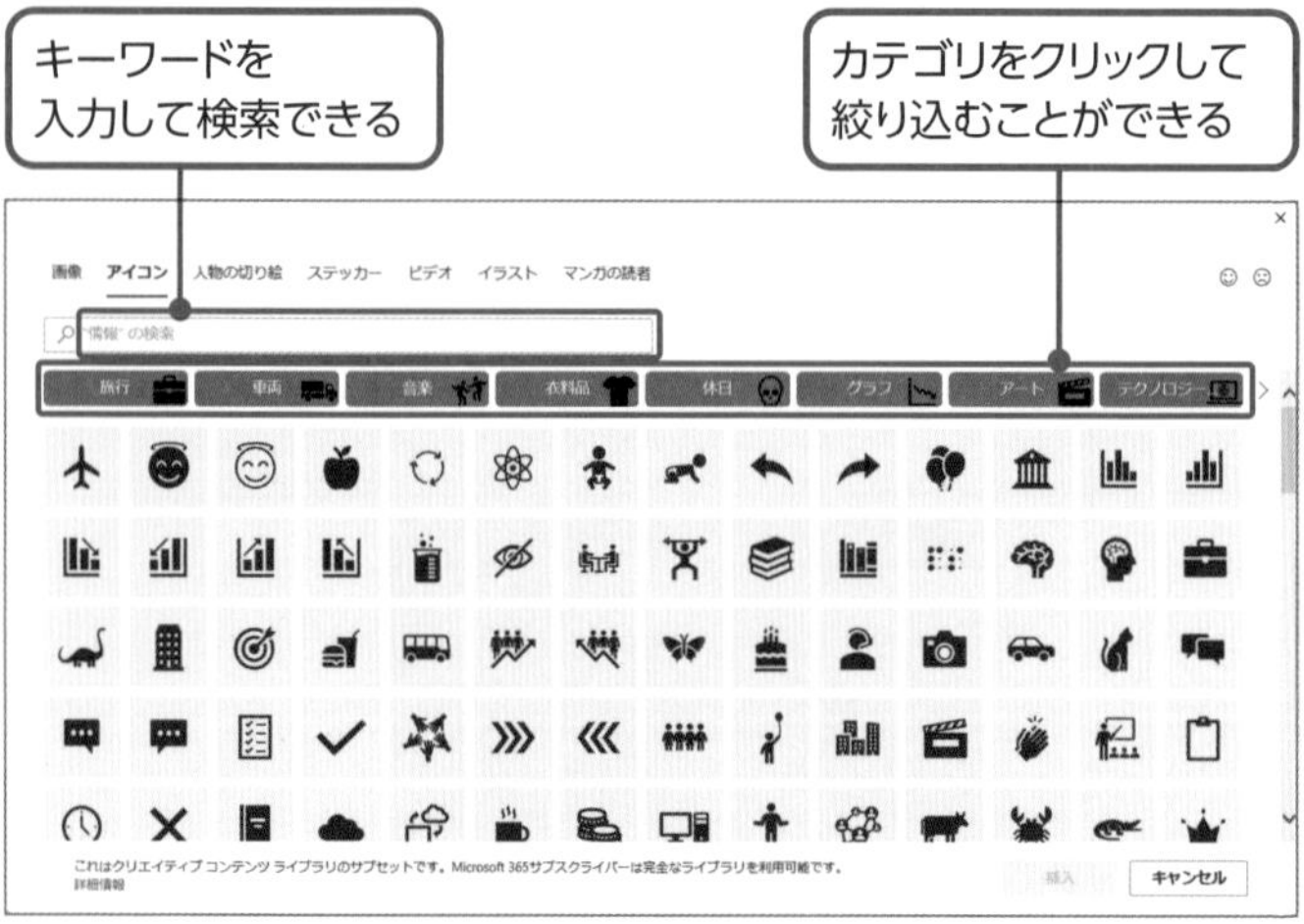

Chapter

3

グラフと表を完全理解

Section 19

グラフと表はエクセルから作る？パワーポイントで作る？

●エクセルのデータがあるなら使おう

グラフや表は、**パワーポイントで作成**することができるが、**エクセルのデータをコピーしてスライドに貼り付ける**ことも可能だ。エクセルのデータを利用する場合は、通常の貼り付けか、**データをリンク**させるかを選択することができる。データをリンクさせると、エクセルのデータを編集したときに、スライドのデータも更新させることができる。

すでにエクセルでグラフや表を作成してある場合や、今後エクセルでそのデータを活用する場合、エクセルの操作のほうが慣れている場合は、エクセルのデータをコピーして利用した方が効率的だ。

そのグラフや表をパワーポイントでしか利用しない場合は、パワーポイントで作成することをおすすめする。また、エクセルのデータをスライドに貼り付けてみたら、フォントサイズやレイアウトなどのバランスがよくない場合も、パワーポイントで新たに作ったほうがよいだろう。

既にあるデータは活用する

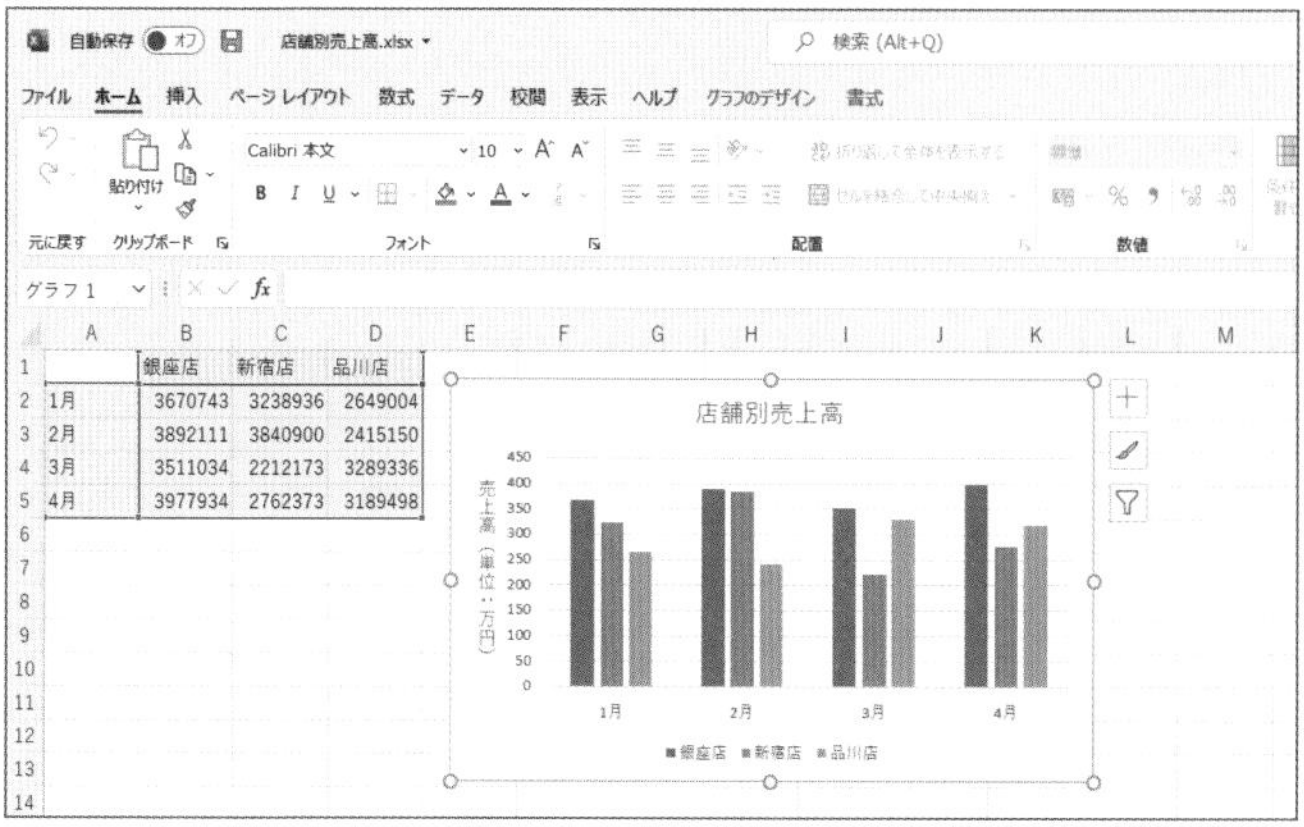

データを流用して
効率UP

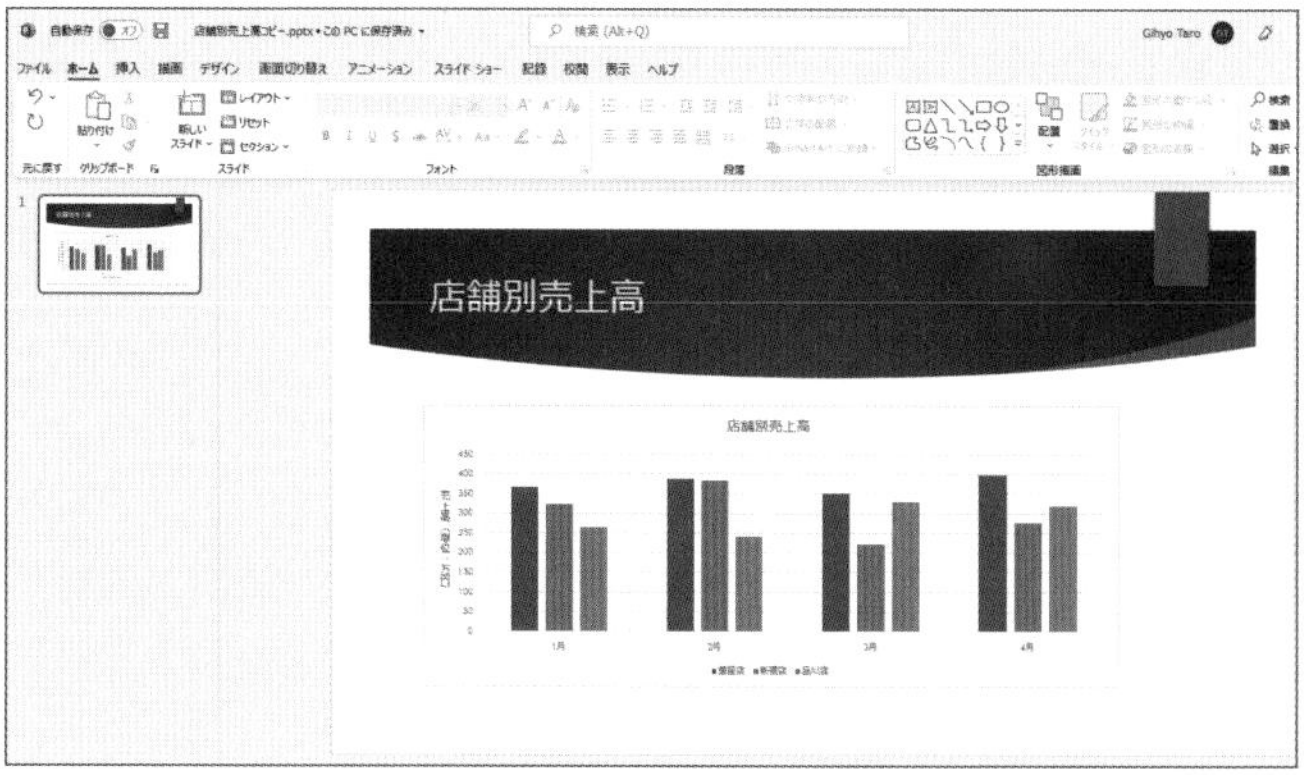

Section 20

おすすめのグラフの種類はこの3つ

●目的に合ったグラフを選ぶ

パワーポイントでは、縦棒、折れ線、円、散布図など、大きく分けて16種類のグラフを作成することができる。多くの種類のグラフから、どれを選べばよいのか迷ってしまうだろうが、重要なのは、どんなデータで何を伝えたいかだ。

おすすめは、よく利用される**棒グラフ**、**折れ線グラフ**、**円グラフ**の3種類。各グラフがどんな場合に向いているのか把握して、使い分けよう。

棒グラフは、同じ種類の複数のデータを比較するのに適している。店舗ごとの売上高や、世代別の人口などだ。折れ線グラフは、会員数の推移や平均気温の変化など、時系列によるデータの推移を示すのに向いている。また、円グラフは、特定の項目の構成比率を示すのに適している。製品のメーカーごとのシェアや、アンケートの回答、支出金額の内訳などを表したいときに使う。

グラフの種類と用途

棒グラフ

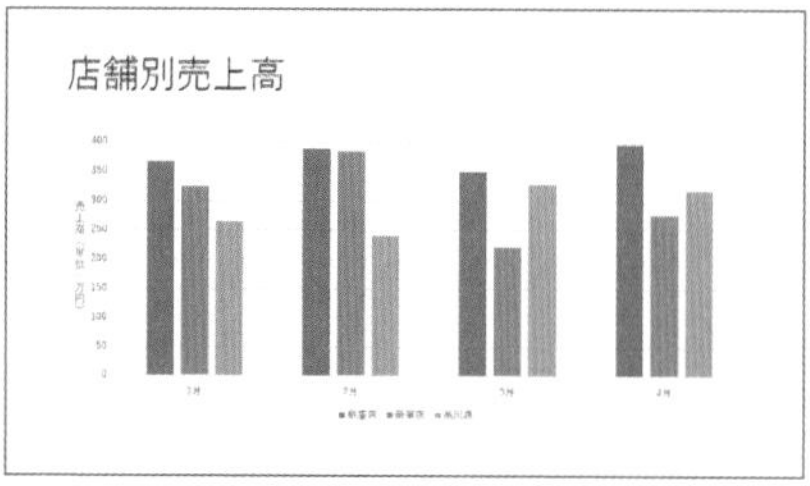

複数のデータを比較する

折れ線グラフ

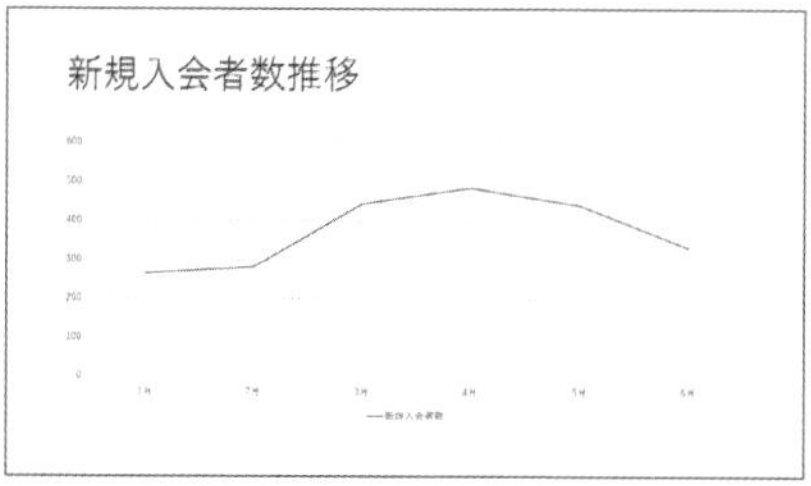

時系列によるデータの推移を示す

円グラフ

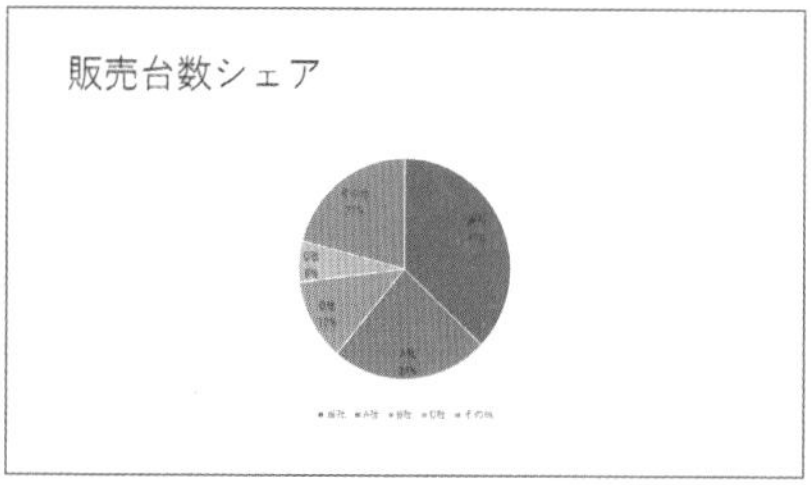

構成比率を示す

Section 21

パワーポイントでグラフを作る

スライドにグラフを挿入する

パワーポイントでグラフを作成するには、コンテンツの**プレースホルダーの［グラフの挿入］のアイコン**をクリックするか、**［挿入］タブの［グラフの挿入］**をクリックする。［グラフの挿入］ダイアログボックスの左側で、グラフの種類をクリックすると、該当するグラフの一覧が右上に表示されるので、目的のグラフを選択し、［ＯＫ］をクリックする。スライドにサンプルのグラフが挿入され、シートが表示されるので、シートの各セルにデータを入力すると、データがグラフに反映される。シート上の色の枠線で囲まれた部分がグラフのデータ範囲になるが、データ範囲の外側の隣接したセルにデータを入力したり、行や列を挿入したりすると、データ範囲が自動的に拡張される。

データの入力が終わったら、シート右上の［閉じる］×をクリックする。なお、再度シートを表示したい場合は、グラフを選択して、［グラフのデザイン］タブの［データの編集］のアイコン部分をクリックする。

グラフの挿入

❶ グラフの種類を選択して

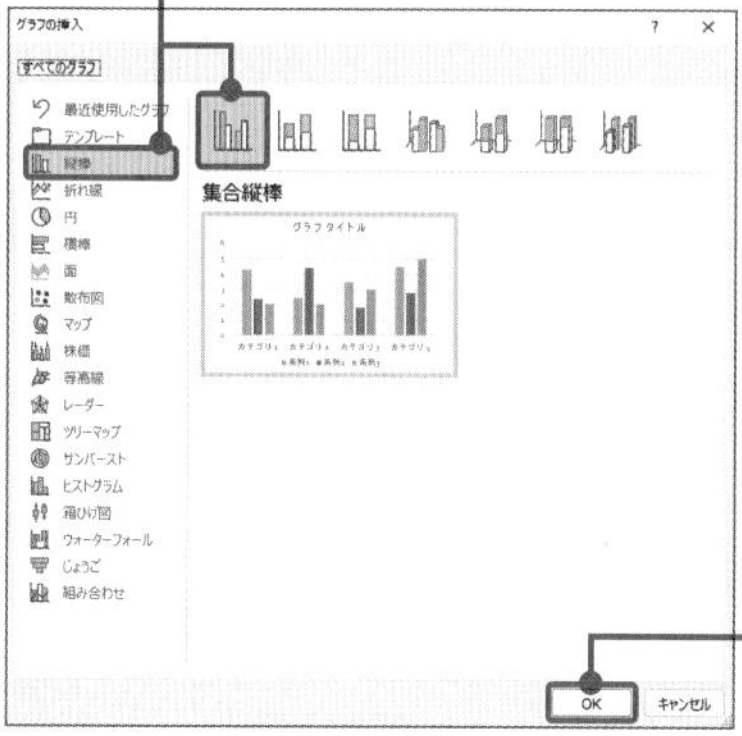

❷ クリックし

❸ データを入力する

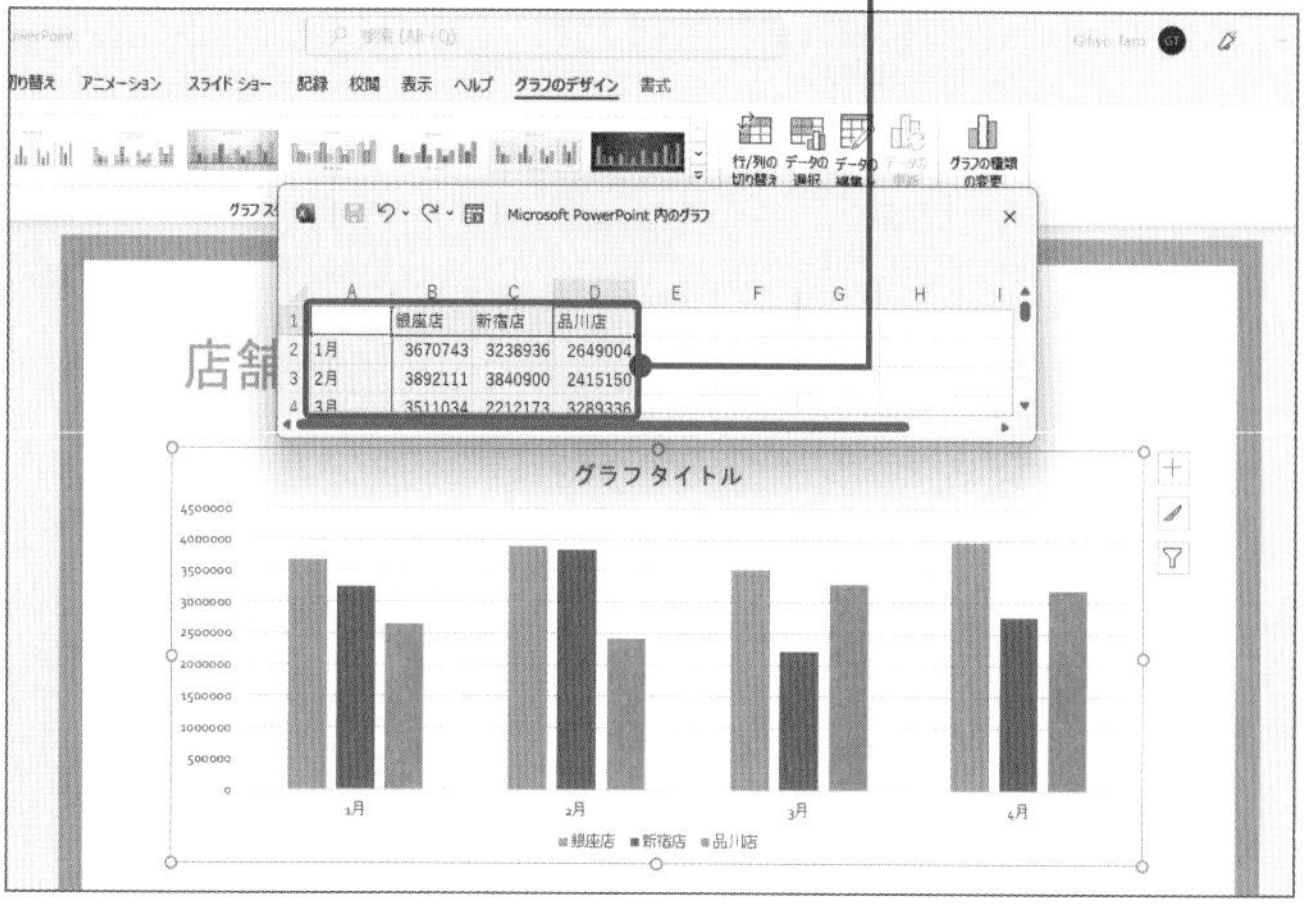

Section 22

グラフのデザインを調整する

グラフスタイルや色を変更する

グラフのデザインを手軽に変えたいときは、［グラフのデザイン］タブを利用しよう。グラフエリアの色が異なるもの、データ系列がグラデーションのもの、影が付いたものなど、さまざまな書式が組み合わされた「**グラフスタイル**」が用意されている。グラフ全体の色を変えたい場合は、［グラフのデザイン］タブの［色の変更］から変更できる。

折れ線グラフの線が細くて見づらい場合は、折れ線グラフの線をクリックして選択し、［書式］タブの［図形の枠線］の［太さ］から調整する。また、折れ線グラフには、■や●などの「**グラフマーカー**」を付けることが可能だ。その場合は、折れ線グラフの線をダブルクリックして、［データ系列の書式設定］作業ウィンドウを表示し、［塗りつぶしと線］の［マーカー］をクリックすると、［マーカーのオプション］の［組み込み］でマーカーの種類やサイズを指定することができる。

グラフのデザインの変更

グラフ全体の色の変更

グラフスタイルの変更

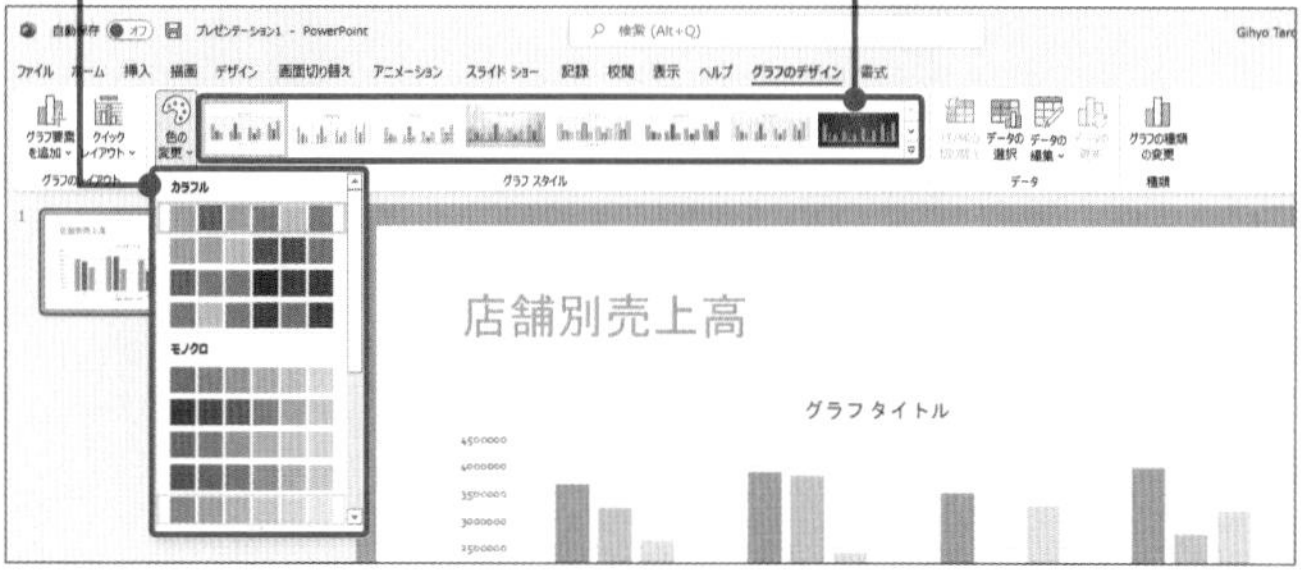

折れ線グラフの書式の変更

線の色や太さの変更

データマーカーの設定

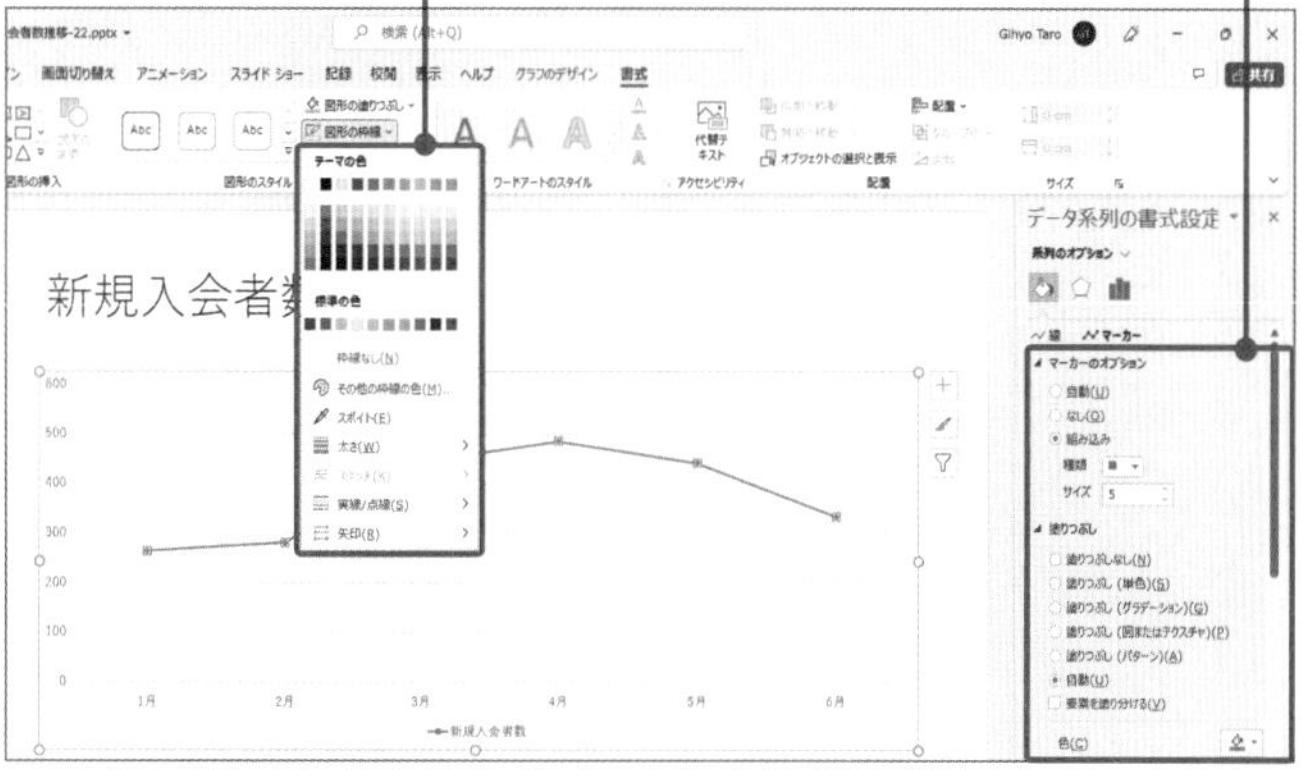

特定のデータを目立たせる

グラフでポイントとなるデータを目立たせるためのテクニックをいくつか紹介する。

棒グラフで特定のデータ系列やデータ要素を目立たせたいときは、ほかのデータ系列（要素）をグレーなどの地味な色にし、目立たせたいデータ系列（要素）をほかの色にする。**データ系列の色を変更**するには、まず、目的のデータ系列をクリックして選択する。データ要素の場合は、データ系列を選択してから、さらに目的のデータ要素をクリックすると選択できる。次に、［書式］タブの［図形の塗りつぶし］や［図形の枠線］で色を指定する。

円グラフの場合は、色を変更するほかに、目立たせたい**データ要素を切り離す**という方法も使える。目的のデータ要素を2回クリックして選択し、マウスポインターを合わせ、外側にドラッグすると移動できる。

最後は、**吹き出しを追加してコメントを入れる**方法だ。吹き出しは、［挿入］タブの［図形］から挿入できる（46、58ページ参照）。コメントは、「前年比１２０％」や「過去最多」など、文字数が多くならないようにしよう。

グラフでポイントを目立たせる

データ系列（要素）の色を変える

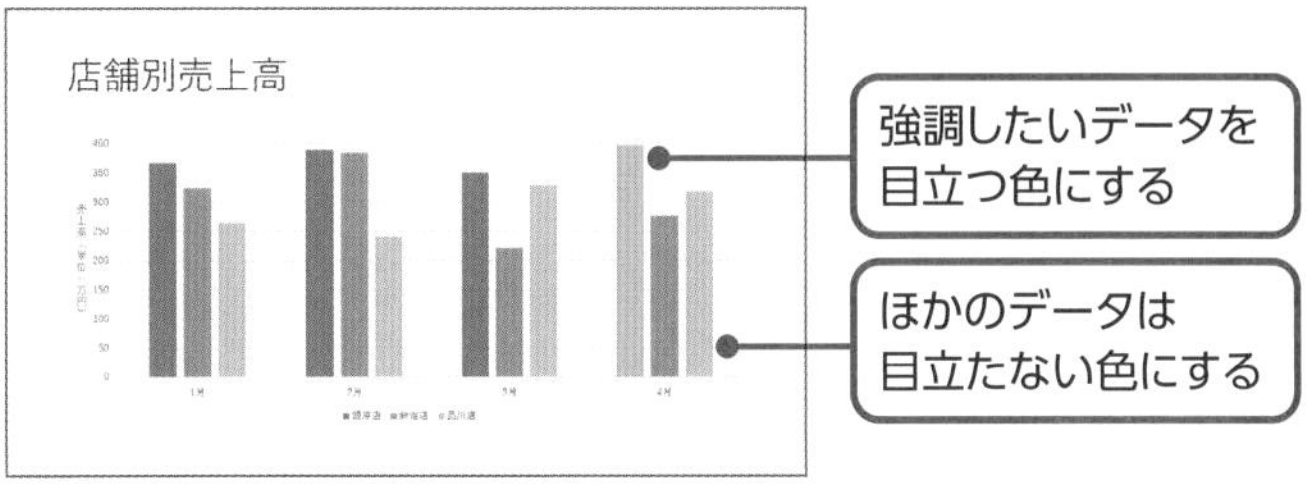

データ要素を切り離す

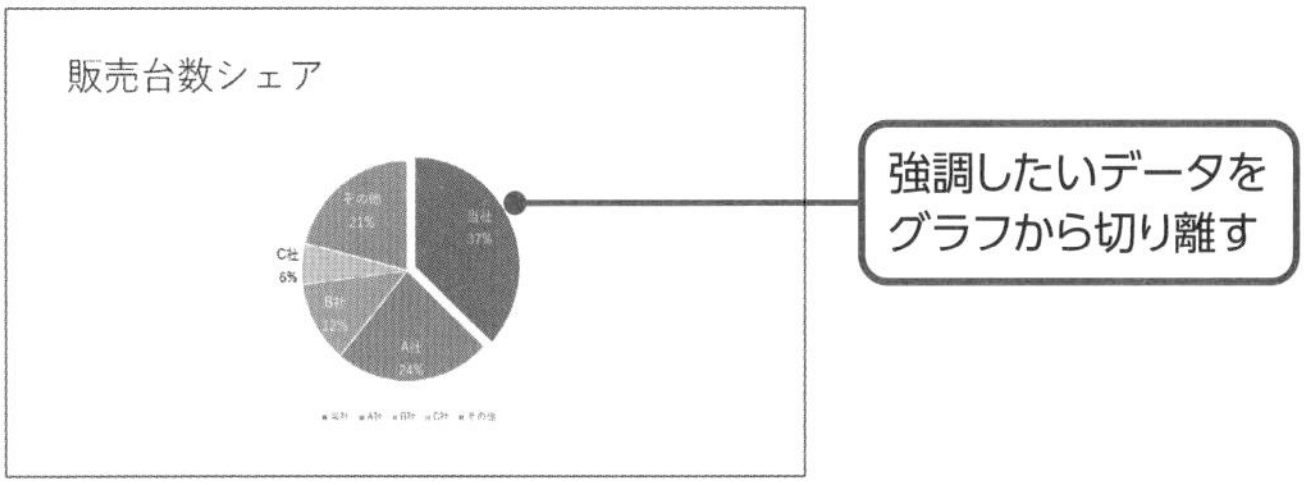

吹き出しでコメントを入れる

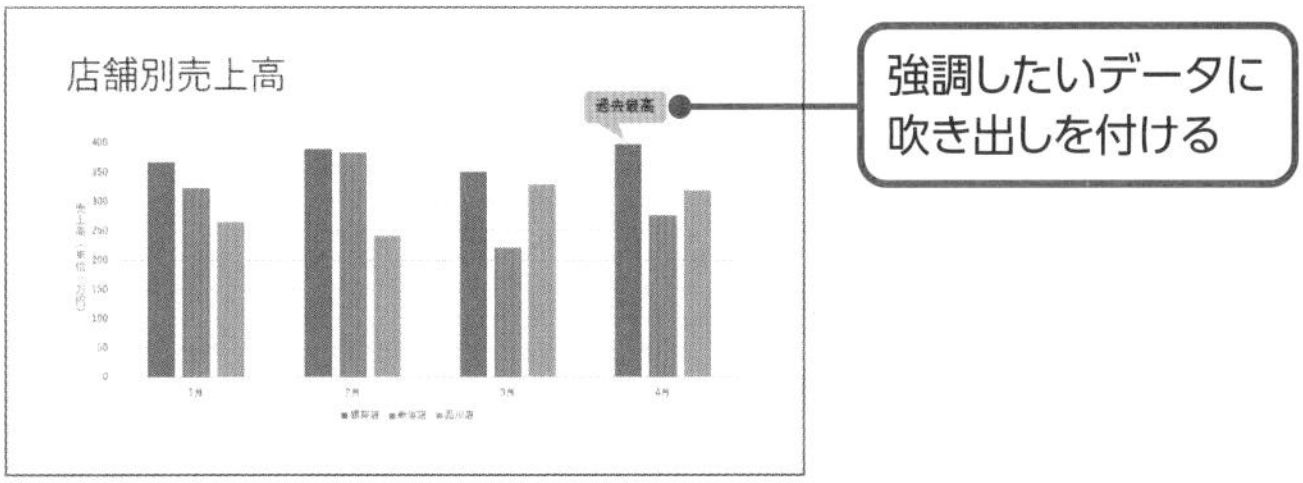

Section 23

グラフの編集で見やすくする

グラフ要素を追加・削除する

グラフタイトルや凡例、軸ラベル、目盛線など、グラフを構成する要素のことを、「グラフ要素」という。**グラフ要素は、表示・非表示を切り替える**ことができる。たとえば、スライドタイトルとグラフタイトルが同じならば、グラフタイトルは削除してしまったほうがスッキリして見やすいし、軸が何の数値を表しているのか明確に示したいときは、軸ラベルを追加しよう。

グラフ要素の表示・非表示を切り替えるには、グラフを選択するとグラフの右上に表示される［グラフ要素］+をクリックして、表示したいグラフ要素の項目をオンにする。また、［グラフのデザイン］タブの［グラフ要素を追加］からも設定を変更することができる。グラフ要素の表示・非表示だけでなく、表示する位置も設定することが可能だ。

グラフ要素の表示・非表示

[グラフ要素] からの設定

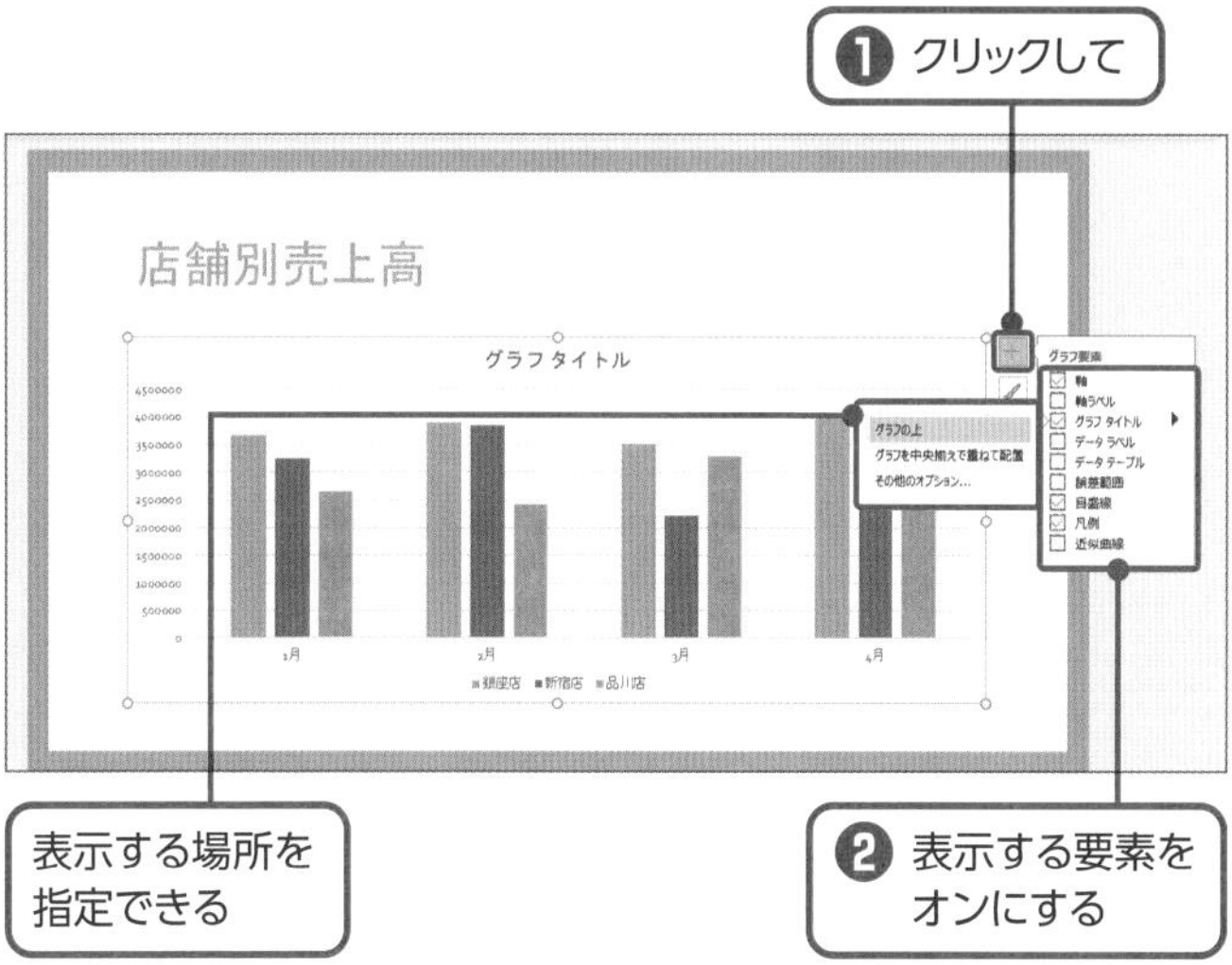

[グラフのデザイン] タブからの設定

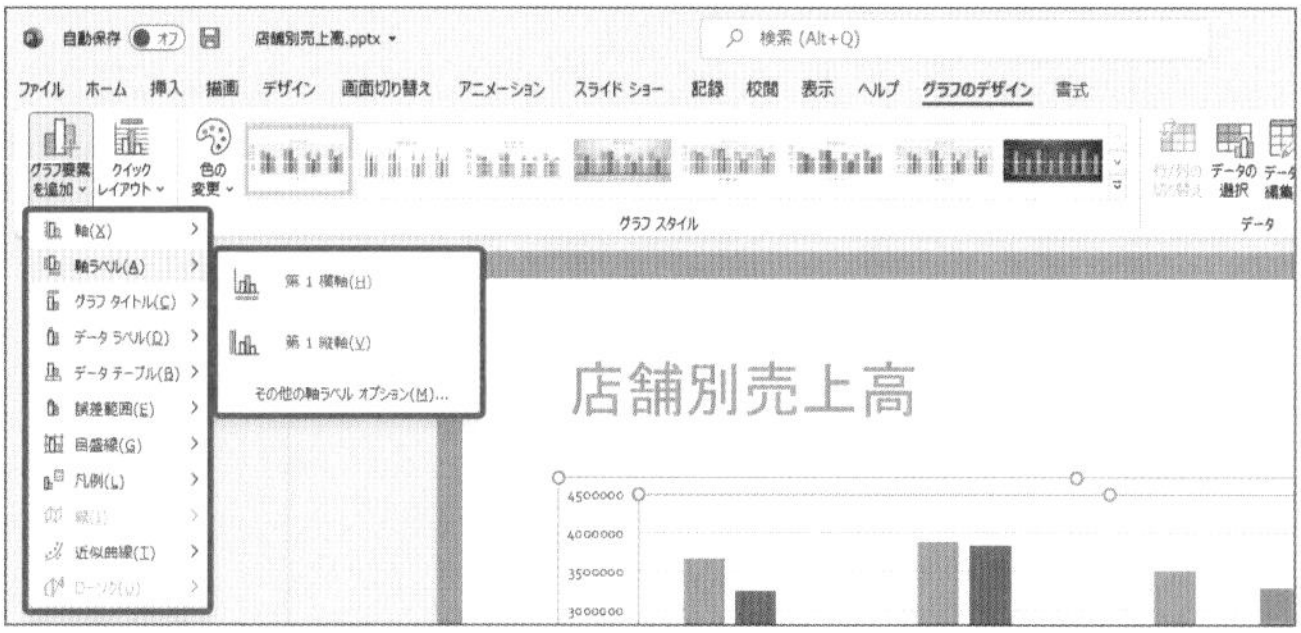

軸の目盛や単位を変更する

棒グラフや折れ線グラフの軸の目盛は、データの数値によって自動的に範囲や間隔が決まるが、変更することもできる。

縦棒グラフの場合は、縦（値）軸をダブルクリックすると、［軸の書式設定］作業ウィンドウが表示される。**目盛の範囲を変更**するには、［軸のオプション］の［最小値］、［最大値］に数値を入力する。また、**目盛の間隔**は、［単位］の［主］で変更できる。変更した数値を元に戻したい場合は、各ボックスの右側の［リセット］をクリックする。

また、グラフのデータの数値が大きすぎて見づらいときは、数値の**表示単位を変更**して、万単位や億単位で表示しよう。［軸の書式設定］作業ウィンドウの［軸のオプション］の［表示単位］の一覧から、目的の表示単位を選択する。このとき、［表示単位のラベルをグラフに表示する］をオンにすると、軸に表示単位が表示される。縦（値）軸ラベルを非表示にしている場合は、オンにしておくとよいだろう。

軸の設定の変更が終了したら、［軸の書式設定］作業ウィンドウ右上の×をクリックすると、作業ウィンドウが閉じる。

軸の設定の変更

目盛の範囲の変更

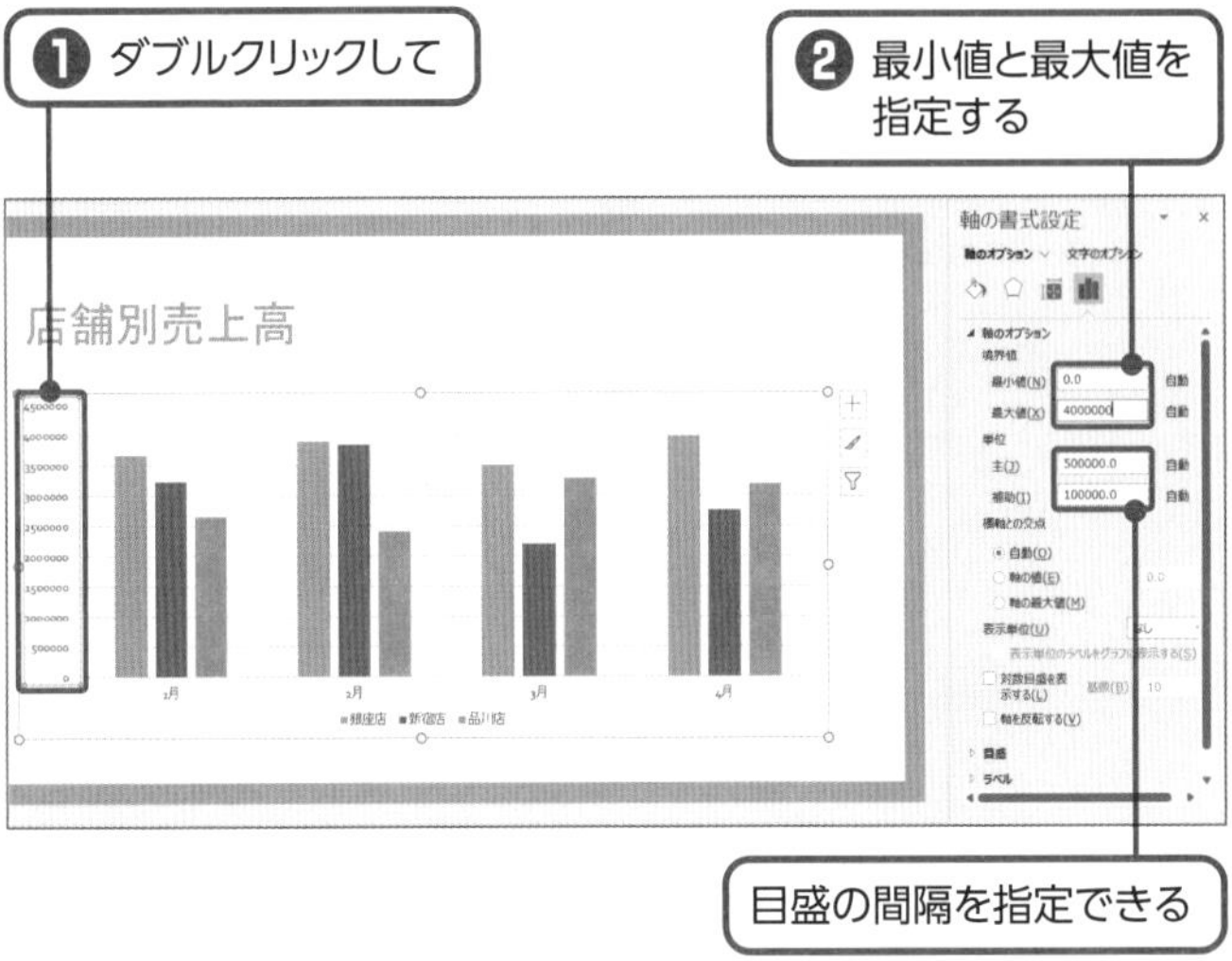

表示単位の変更

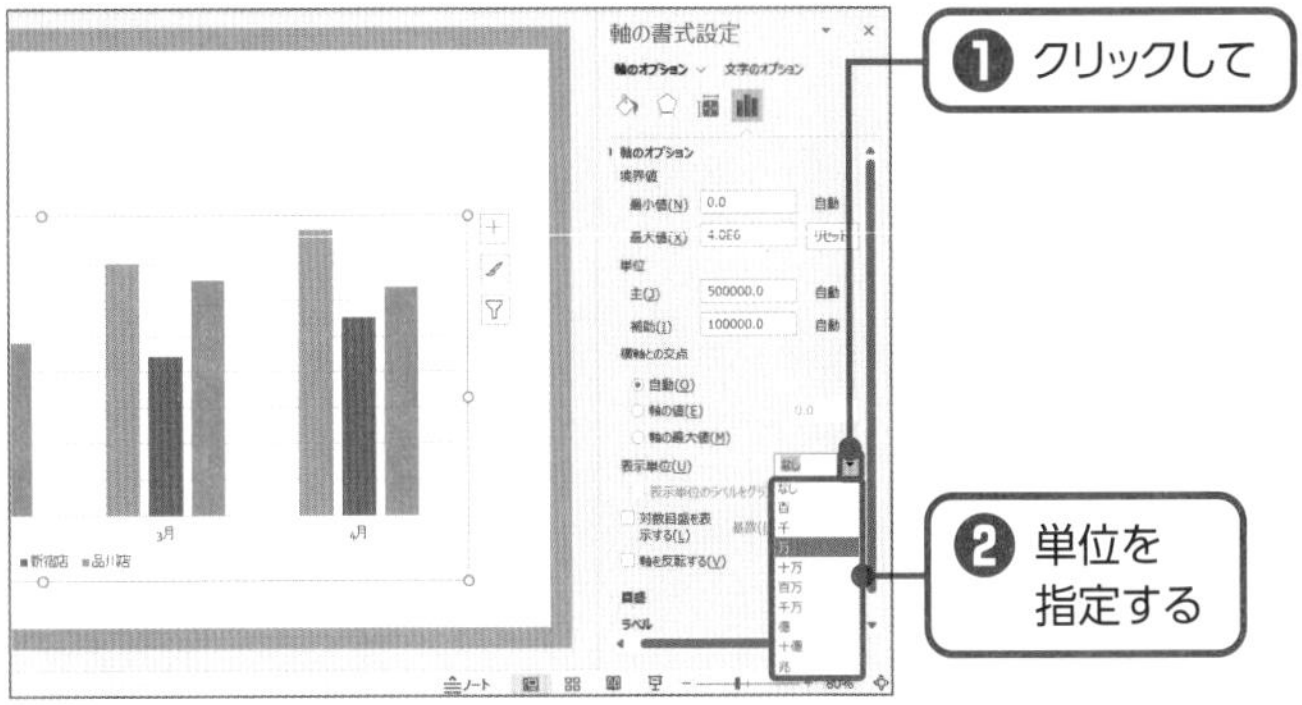

●グラフの数値データを表示する

グラフに数値データを表示したい場合は、「**データラベル**」を利用しよう。データラベルを表示するには、グラフを選択して、［グラフ要素］＋をクリックし、［データラベル］をポイントして、▶をクリックし、データラベルを表示させる場所を指定する。なお、特定のデータ系列やデータ要素だけにデータラベルを表示させることも可能だ。その場合は、グラフ全体を選択するのではなく、目的のデータ系列をクリックして選択する。さらに目的のデータ要素をクリックすると、データ要素を選択できる。

円グラフや100％積み上げ棒グラフの場合は、グラフを作成する際に入力した数値ではなく、**パーセンテージを表示**する。［データラベル］の一覧から［その他のオプション］をクリックすると、［データラベルの書式設定］作業ウィンドウが表示されるので、［ラベルオプション］の［パーセンテージ］をオンにする。項目名も併せて表示したい場合は、［分類名］をオンにすればよい。分類名を表示するときは、グラフの凡例は非表示にしたほうが、情報の重複がなく、見やすくなる。

もし、データラベルの位置が近すぎて見づらい場合は、位置を調整しよう。目的のデータラベルを2回クリックして選択し、枠線にマウスポインターを合わせて、目的の位置までドラッグする。

データラベルの設定

データラベルの表示

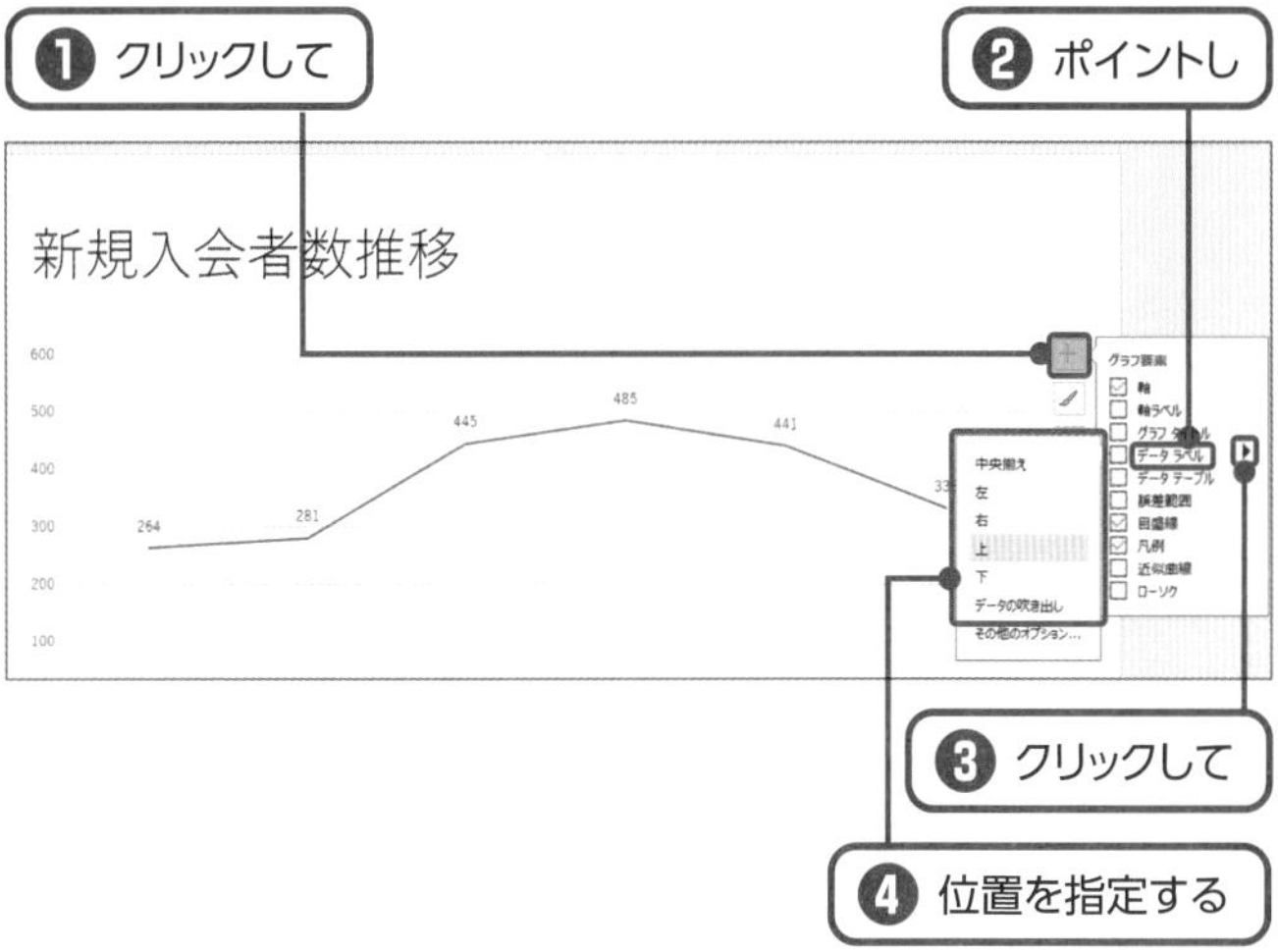

パーセンテージの表示

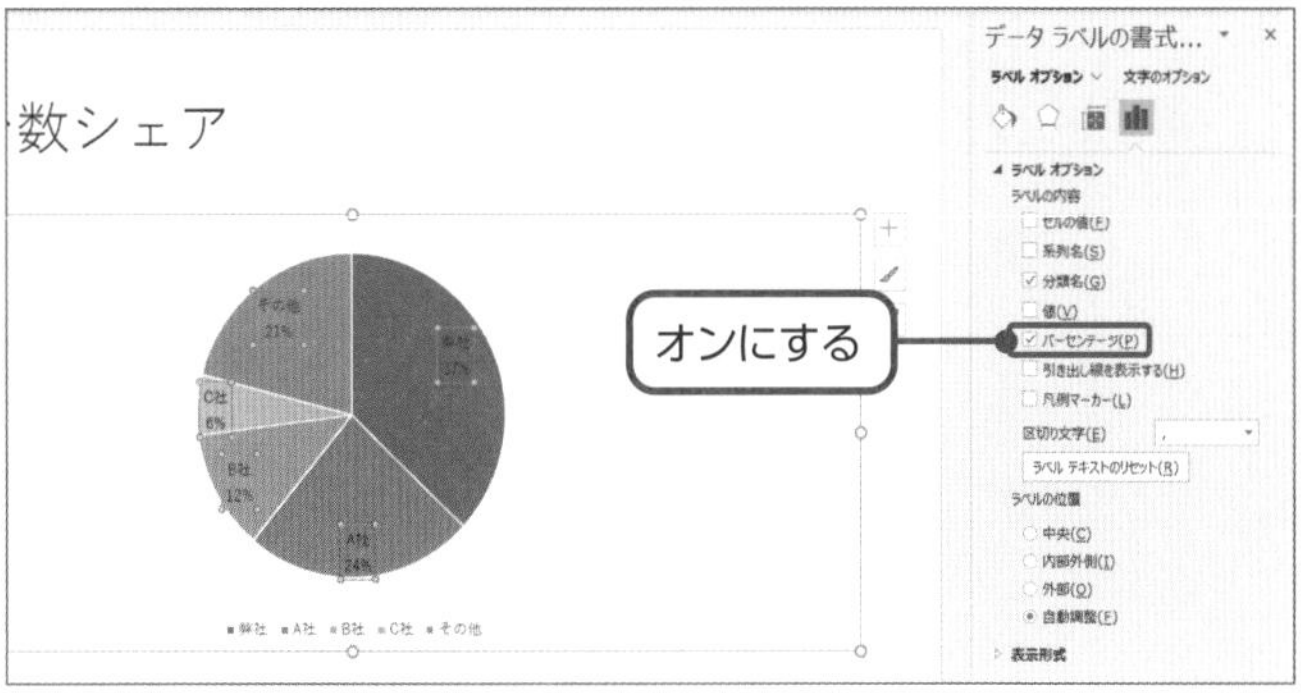

Section 24

エクセルからグラフを持ってくる

データをリンクさせるかどうかがポイント

すでにエクセルでグラフを作成してある場合などは、コピーして、スライドに貼り付けよう。まずは、エクセルのファイルを開いてグラフをクリックし、［ホーム］タブの［コピー］をクリックしてコピーする。次に、パワーポイントのプレゼンテーションファイルに切り替え、貼り付けるスライドを選択して、［ホーム］タブの［貼り付け］の下部をクリックし、**貼り付ける形式を指定**する。貼り付ける前にコンテンツのプレースホルダーを選択すると、プレースホルダーに合わせてサイズが自動的に調整される。

貼り付ける形式を選択するときにポイントとなるのは、データをリンクさせるかどうか、書式をパワーポイントのテーマに合わせるかどうか、グラフを図にするかどうかの3点だ。データをリンクさせると、エクセルの元のファイルを編集したときに、パワーポイントのグラフも更新させることができる。また、グラフを図として貼り付けた場合は、パワーポイントでグラフを編集することができなくなるので、注意が必要だ。

エクセルのグラフをコピーする

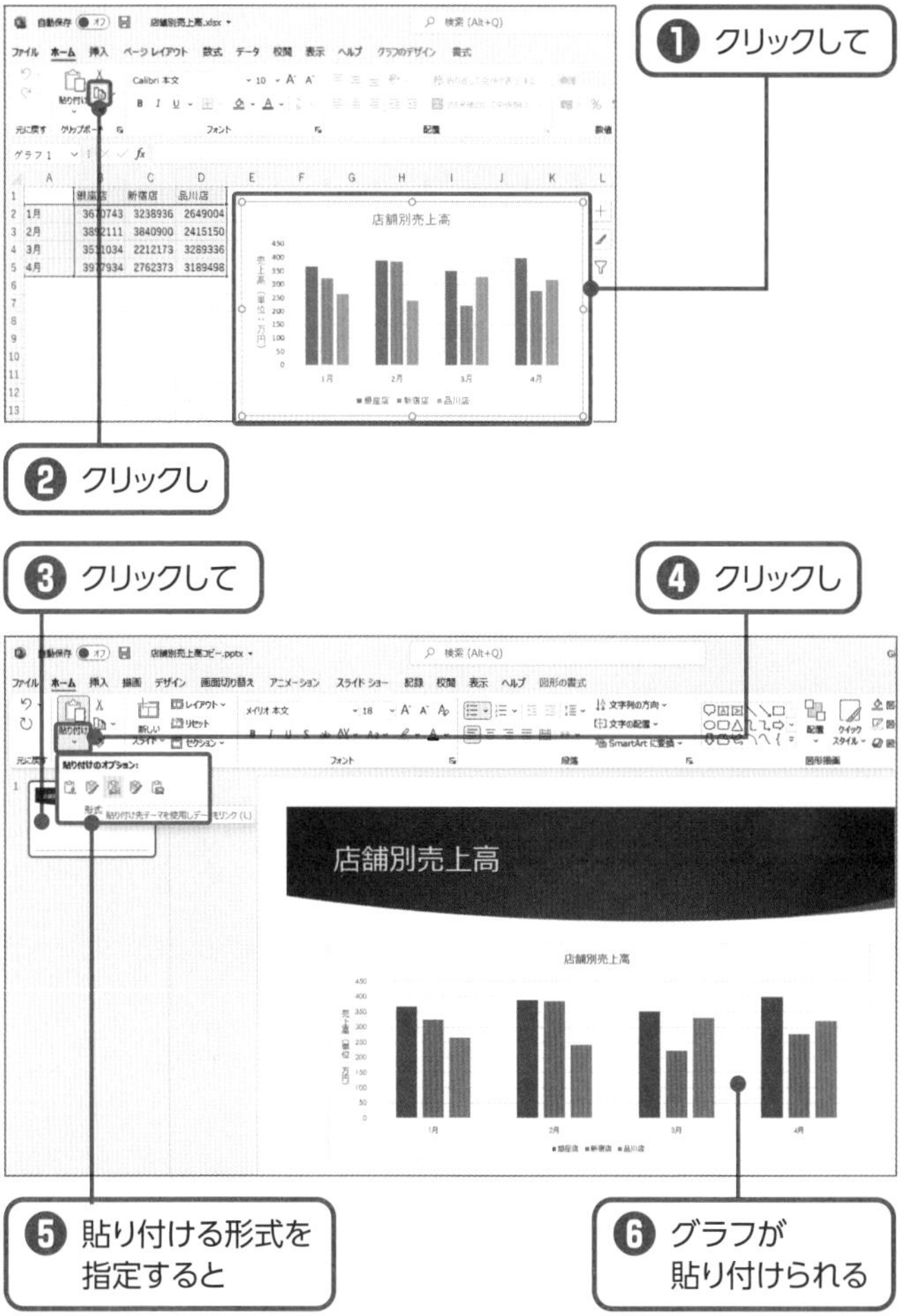
❶ クリックして
❷ クリックし
❸ クリックして
❹ クリックし
❺ 貼り付ける形式を指定すると
❻ グラフが貼り付けられる
店舗別売上高

●貼り付けたグラフを編集する

エクセルからコピーしたグラフのデータや書式は、図として貼り付けたとき以外、**パワーポイント上で編集**することができる。

グラフのデータを編集するには、グラフを選択し、［グラフのデザイン］タブの［データの編集］のアイコン部分をクリックすると、シートが表示されるので、修正を行う。

グラフを貼り付けたときに、エクセルとデータをリンクさせている場合は、シートに「リンクされているデータ」と表示され、パワーポイントでデータを編集すると、コピー元のエクセルファイルのデータも更新される。また、元のエクセルファイルを開いて修正したあと、スライドに貼り付けたグラフのデータを更新することも可能だ。

一方、グラフを貼り付けたときに、［ブックを埋め込む］を選択している場合は、パワーポイント上でデータを編集しても、元のエクセルファイルには反映されない。

グラフの書式を編集する場合は、パワーポイントでグラフを作成したときと同様の手順で行える（84〜93ページ参照）。ただし、エクセルとデータをリンクさせている場合でも、スライドに貼り付けたグラフのグラフタイトルを非表示にしたり、データラベルを表示させたりといった書式の変更は、元のエクセルファイルには反映されないので、注意が必要だ。

データをリンクさせたグラフの編集

パワーポイントからデータを編集する

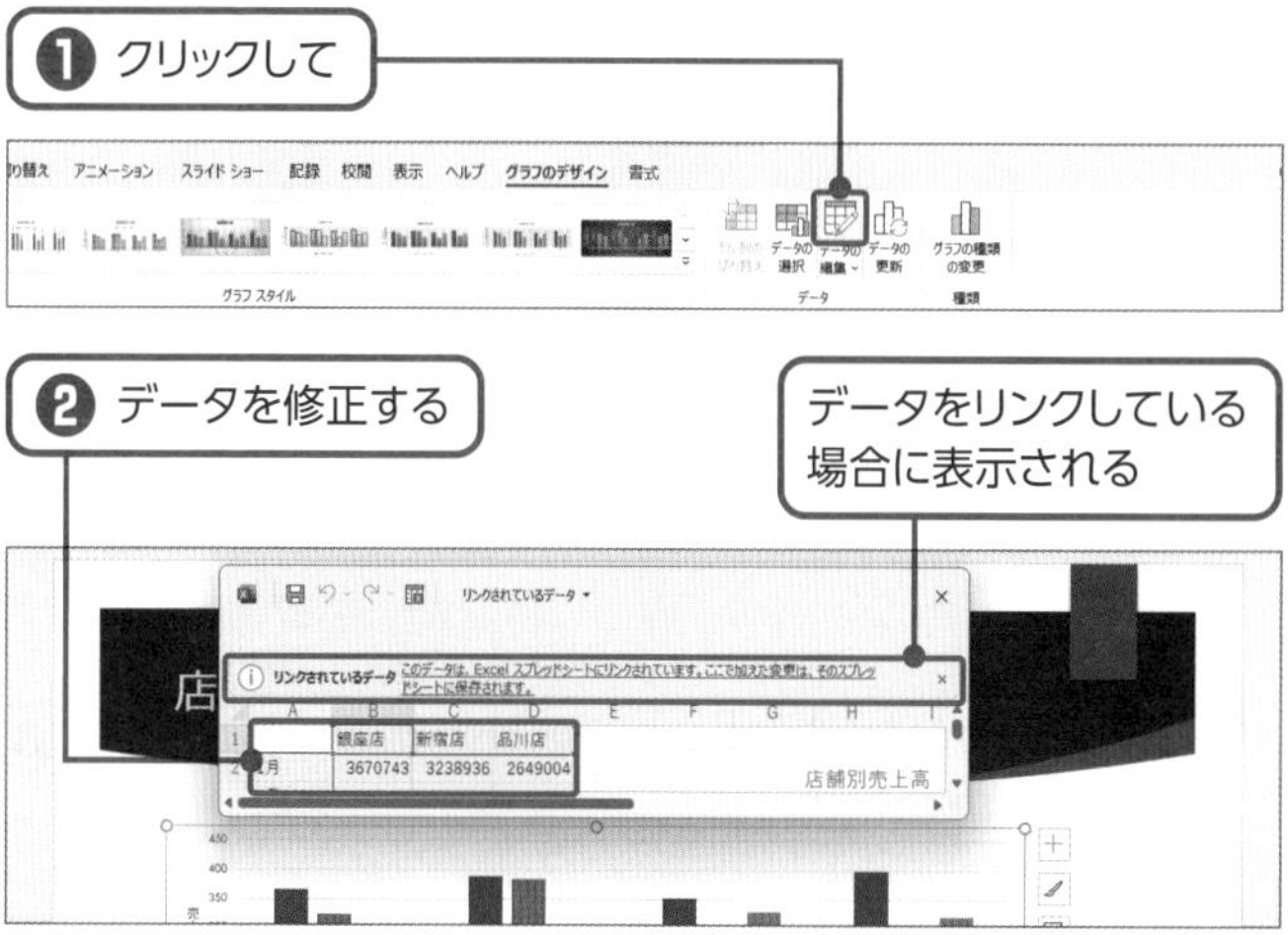

エクセルで修正したデータを反映させる

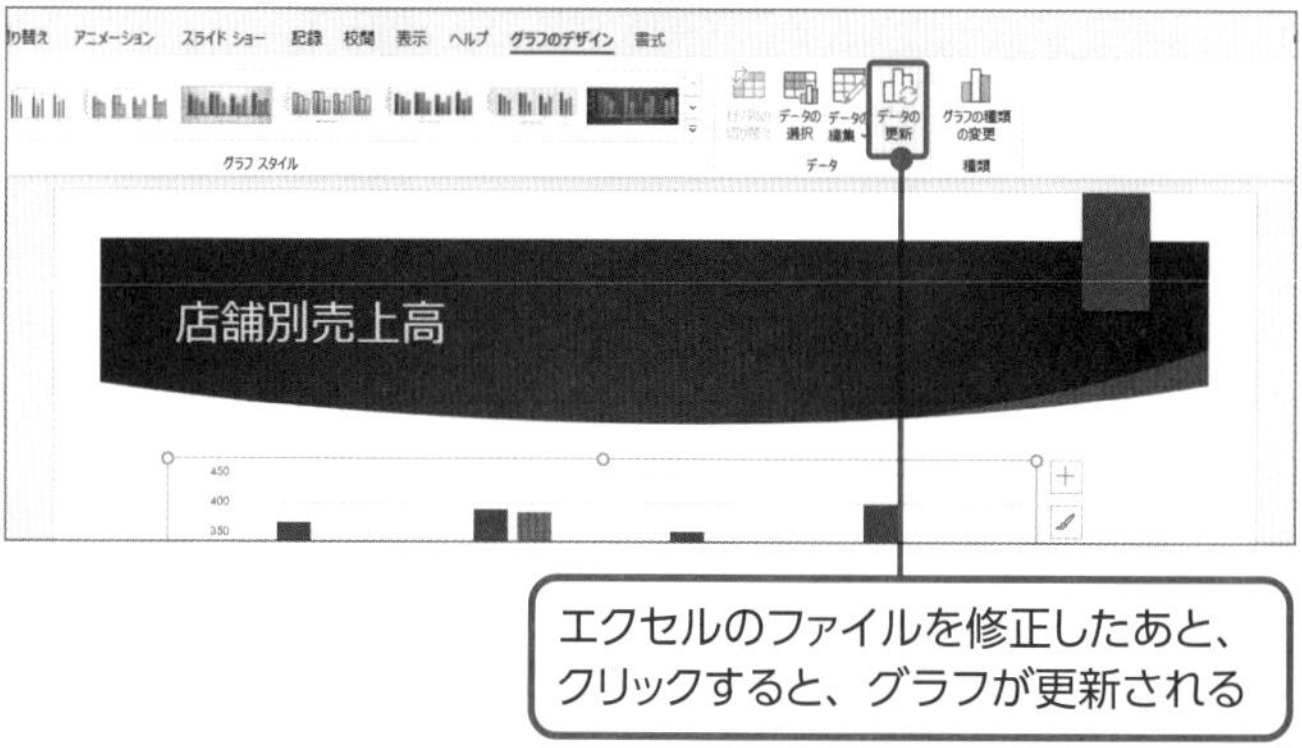

Section 25

パワーポイントで表を作る

列数と行数を指定して表を挿入する

スライドに表を挿入するには、コンテンツの**プレースホルダーの［表の挿入］のアイコン**▦をクリックする。［表の挿入］ダイアログボックスが表示されるので、［列数］と［行数］にそれぞれ数値を入力し、［ＯＫ］をクリックする。また、［挿入］タブの［表］をクリックするとマス目が表示されるので、作成する表の列数と行数が選択されるようにマス目をドラッグすると、表が挿入される。

表の枠組みが作成されたら、各セルにカーソルを移動して文字を入力する。カーソルを移動するには、各セルをクリックするか、キーボードを利用するが、作業効率のよいキーボード操作は覚えておこう。Tab を押すと右（次）のセルに移動し、Shift を押しながら Tab を押すと、左（前）のセルに移動する。また、→←↑↓ の各矢印キーも利用できる。文字の書式は、プレースホルダーの文字と同様、［ホーム］タブで設定することが可能だ。

表の挿入

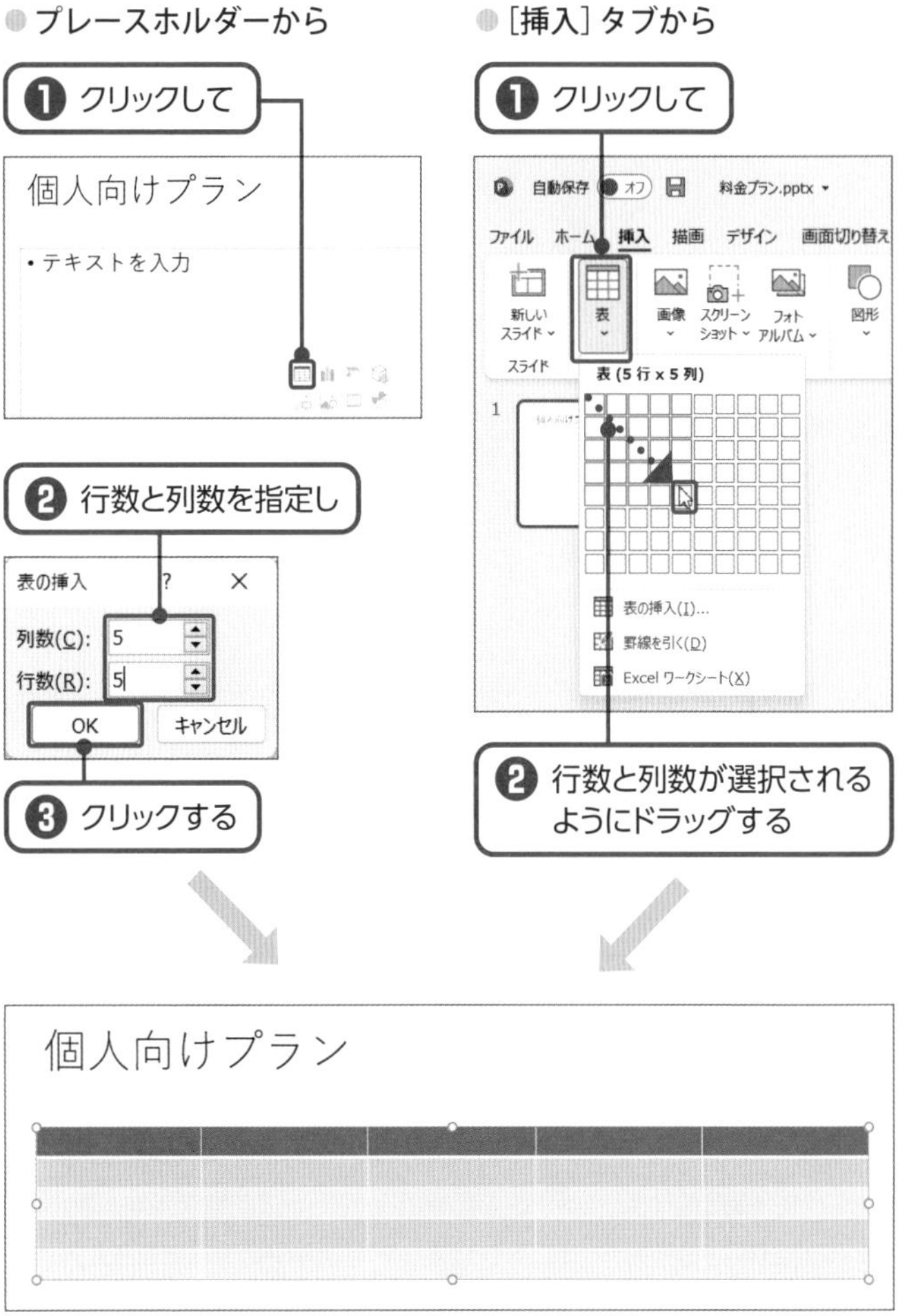
プレースホルダーから
❶ クリックして
個人向けプラン
• テキストを入力
❷ 行数と列数を指定し
表の挿入
列数(C): 5
行数(R): 5
OK
キャンセル
❸ クリックする
[挿入] タブから
❶ クリックして
自動保存
オフ
料金プラン.pptx
ファイル
ホーム
挿入
描画
デザイン
画面切り替え
新しいスライド
表
画像
スクリーンショット
フォトアルバム
図形
スライド
表 (5 行 x 5 列)
表の挿入(I)...
罫線を引く(D)
Excel ワークシート(X)
❷ 行数と列数が選択されるようにドラッグする
個人向けプラン

●表を編集する

表に文字を入力したら、表を見やすく編集しよう。

複数のセルを1つにしたい場合は、セルをドラッグして選択し、［レイアウト］タブの［セルの結合］をクリックして、セルを結合する。次に、セルの文字数に応じて、**表のサイズや列の幅、行の高さをバランスよく調整**する。表のサイズを変更するには、表を選択すると周囲に表示される白いハンドルをドラッグする。列の幅や行の高さを変更する場合は、罫線にマウスポインターを合わせてドラッグするか、［レイアウト］タブの［幅］と［高さ］に数値を入力して指定する。列の幅を変更したときに気をつけておきたいのは、同じ文字数なのに列の幅が揃っていないと見映えがよくないことだ。列を選択して、［レイアウト］タブの［幅を揃える］をクリックし、列の幅を揃えておこう。

表の書式は、**［テーブルデザイン］タブ**で変更する。［表のスタイル］グループには、セルの背景色や罫線の色などを組み合わせたスタイルが用意されているので、表全体のデザインを変えることができる。また、個別のセルの背景色は［塗りつぶし］、罫線の色や太さ、種類は［罫線の作成］グループで変更することが可能だ。なお、セルの書式を変更したあとに表のスタイルを変更すると、表のスタイルが優先されてしまうので、はじめに表のスタイルを決めておくとよい。

表のレイアウトや書式の変更

列の幅の変更

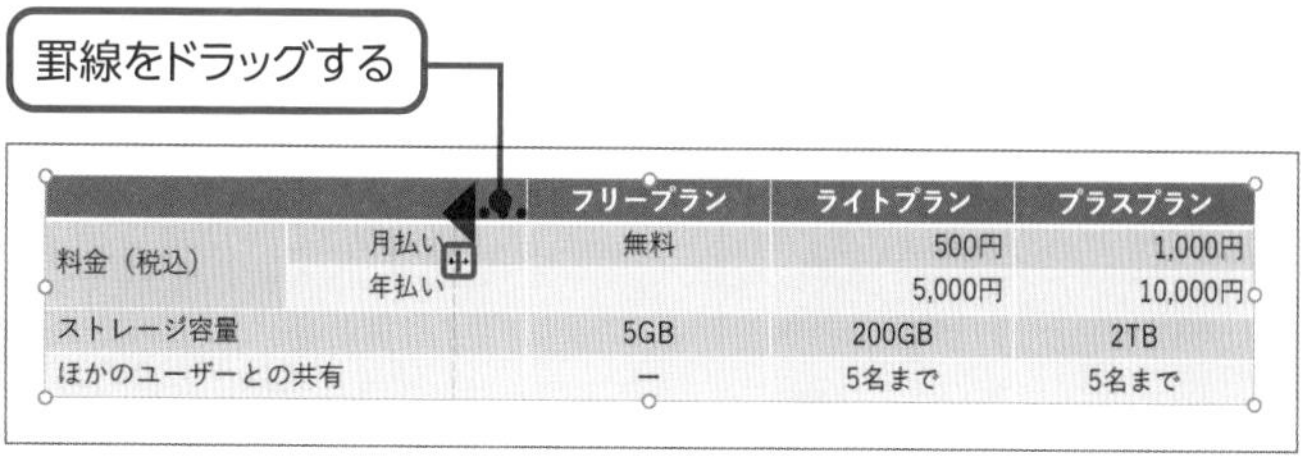

表のサイズの変更

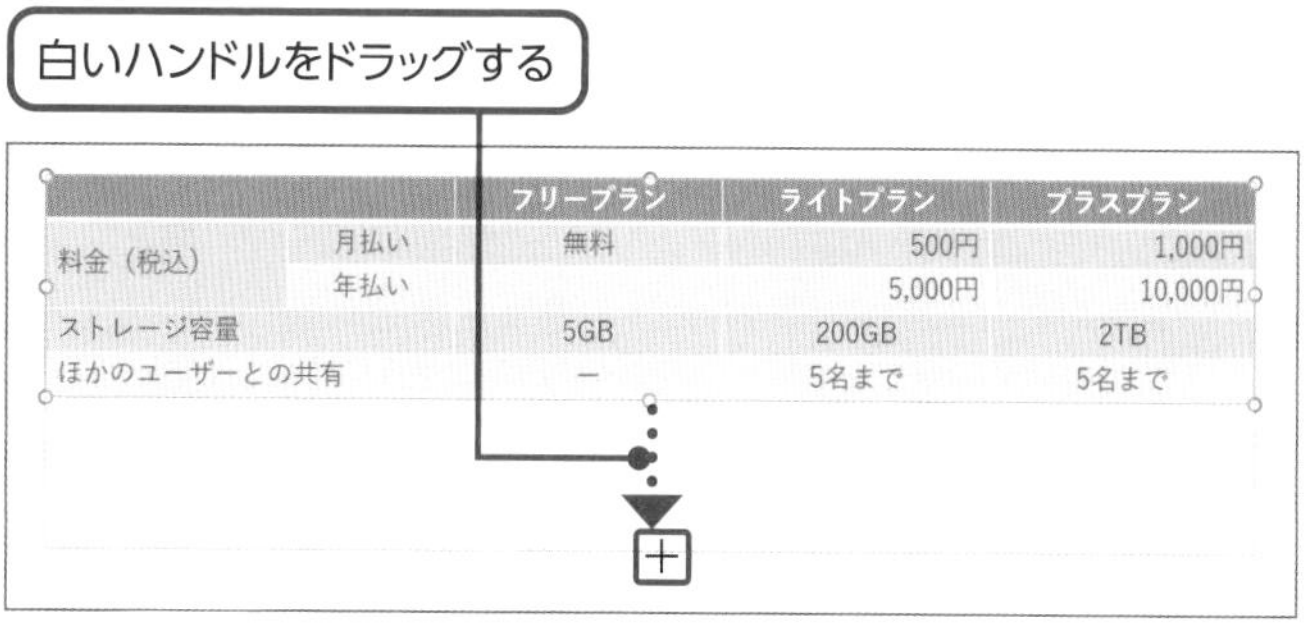

表の書式の変更

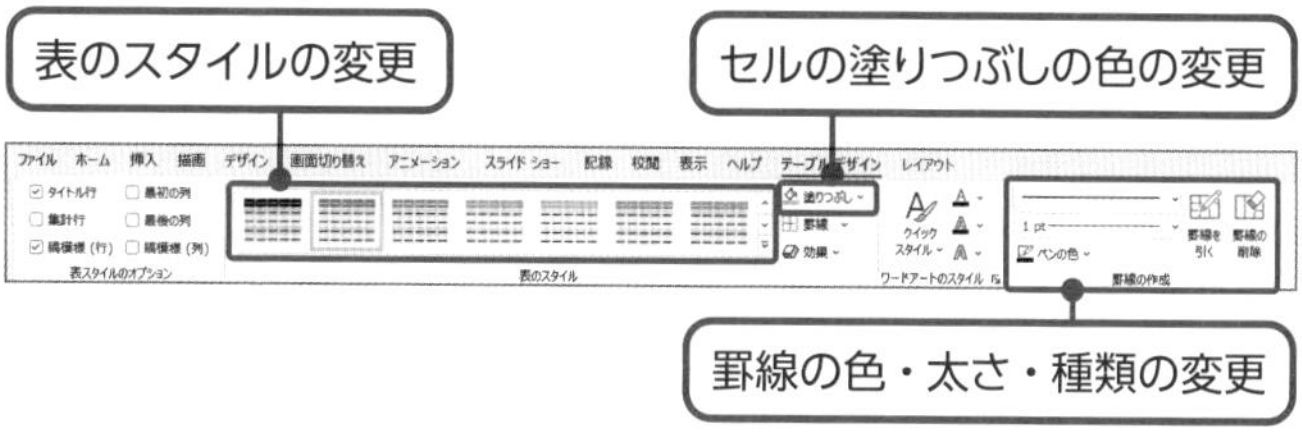

Section
26

エクセルから表を持ってくる

表のコピーと貼り付け

すでにエクセルで表を作成してある場合や、表内で数式・関数を利用したい場合などは、エクセルの表をコピーして、スライドに貼り付けよう。

まずは、エクセルのファイルを開いて、コピーする表のセル範囲をドラッグして選択し、［ホーム］タブの［コピー］をクリックして、表をコピーする。次に、パワーポイントのプレゼンテーションファイルに切り替え、貼り付けるスライドを選択して、［ホーム］タブの［貼り付け］の下部をクリックし、**貼り付ける形式を指定**する。

貼り付ける形式を選択するときに、一番のポイントとなるのは、エクセルの表とリンクさせるかどうかだ。リンクさせると、元のエクセルファイルを更新した場合、スライドに貼り付けた表のデータも更新される。

貼り付ける形式は、表を貼り付けたあと、どのように編集するかによって、選択するとよいだろう。

エクセルの表をコピーする

❶ ドラッグして

❷ クリックし

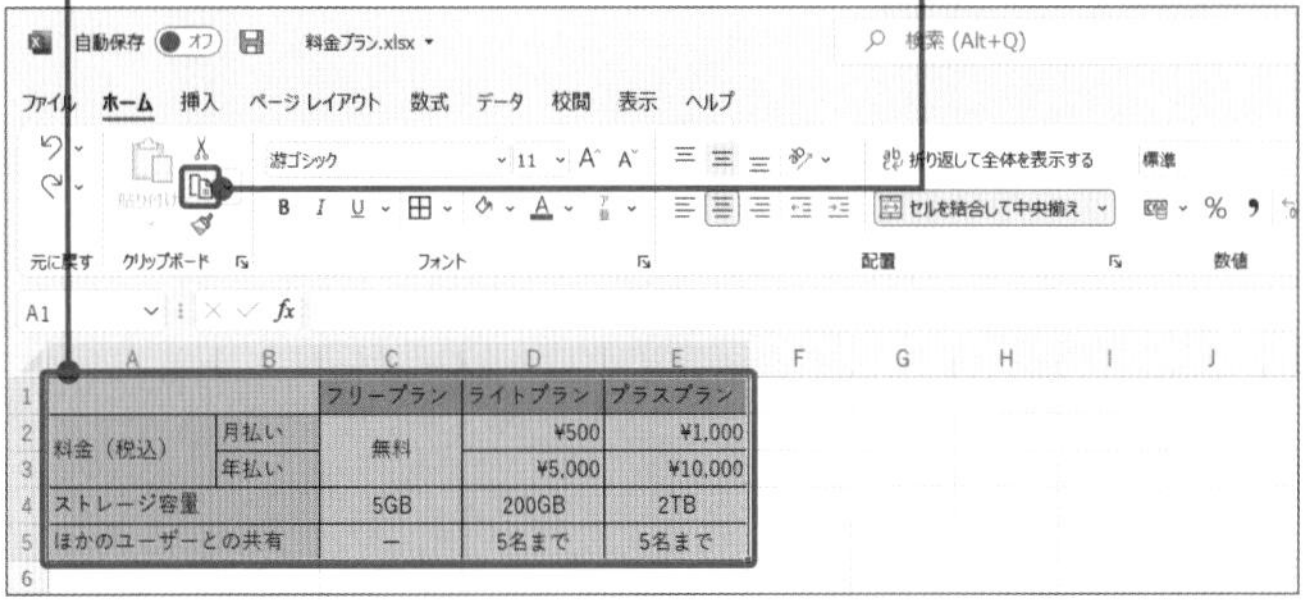

❸ クリックして

❹ クリックし

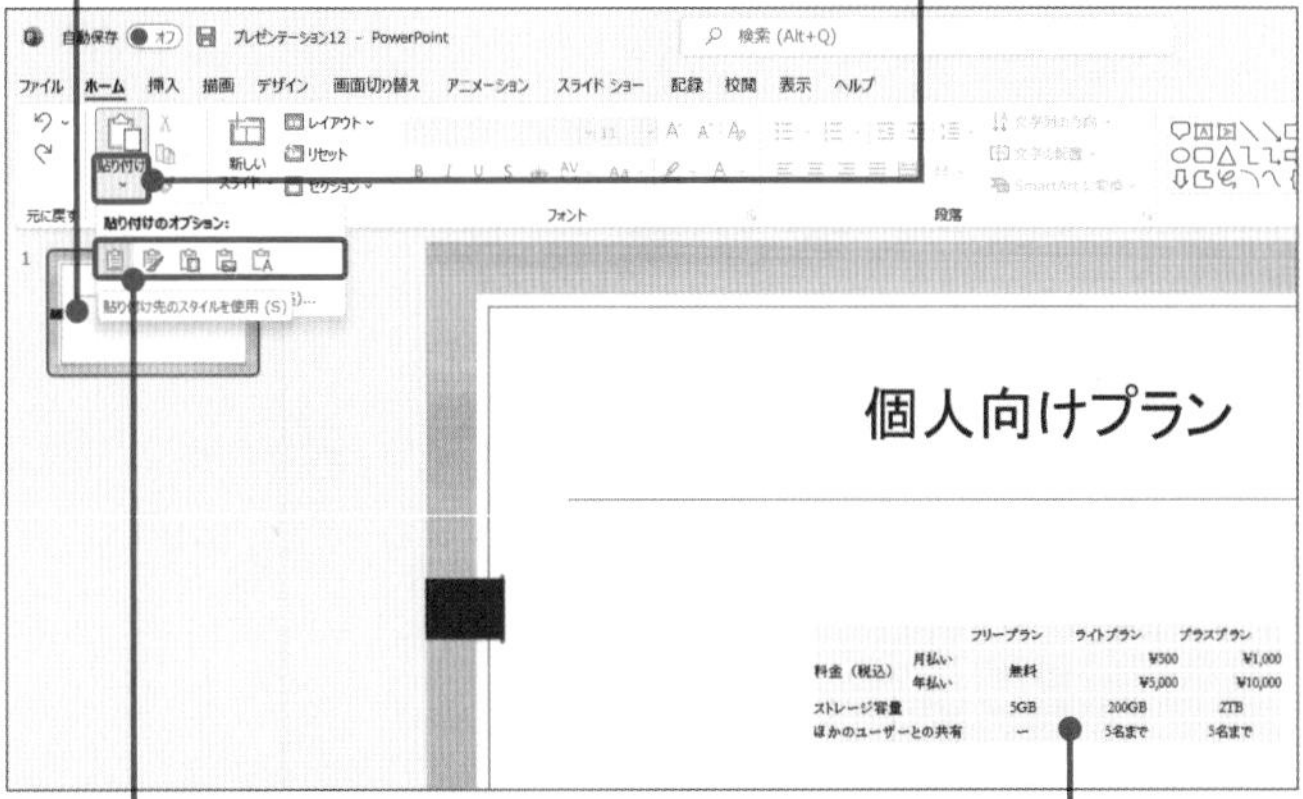

❺ 貼り付ける形式を指定すると

❻ 表が貼り付けられる

●貼り付ける形式の違いと編集方法

表を貼り付けるときに指定できるおもな形式と編集方法は、次のとおりだ。用途に応じて選択しよう。

エクセルの表とリンクさせる場合は、貼り付けるときに［貼り付け］の下部をクリックし、［形式を選択して貼り付け］をクリックする。［リンク貼り付け］をクリックして、［Microsoft Excel ワークシートオブジェクト］をクリックし、［OK］をクリックする。表を編集するときは、貼り付けた表をダブルクリックすると、元のエクセルファイルが開くので、データを修正する。もしくは、元のエクセルファイルを直接開いて修正する。

貼り付けた表を**パワーポイントの機能を利用して編集**したい場合は、［貼り付け先のスタイルを使用］または［元の書式を保持］を指定する。

また、貼り付けた表を**エクセルの機能を利用して編集**したい場合は、［埋め込み］を指定する。編集するときは、表をダブルクリックすると、シートが表示され、リボンもエクセルのものに切り替わる。編集が終わったら、表以外のスライドをクリックすると、表示が元に戻る。数式や関数を使用している表の場合におすすめだ。

ほかには、図として貼り付ける［図］、テキストだけを貼り付ける［テキストのみ保持］がある。

エクセルの表をリンク貼り付けする

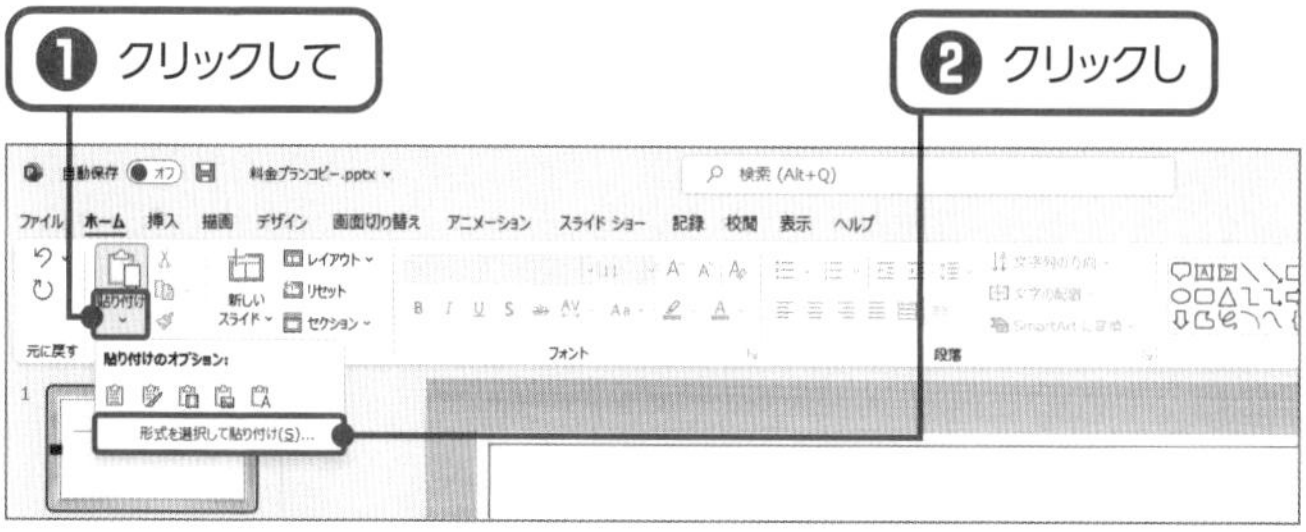

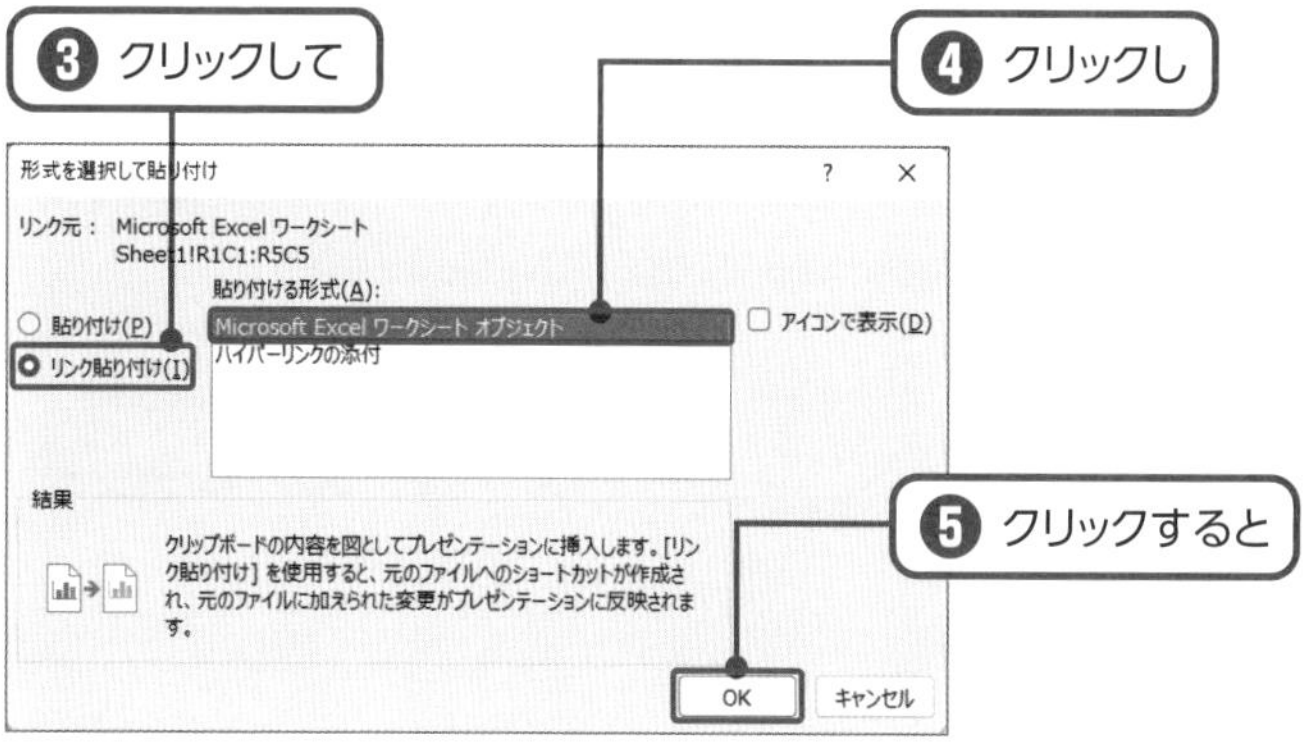

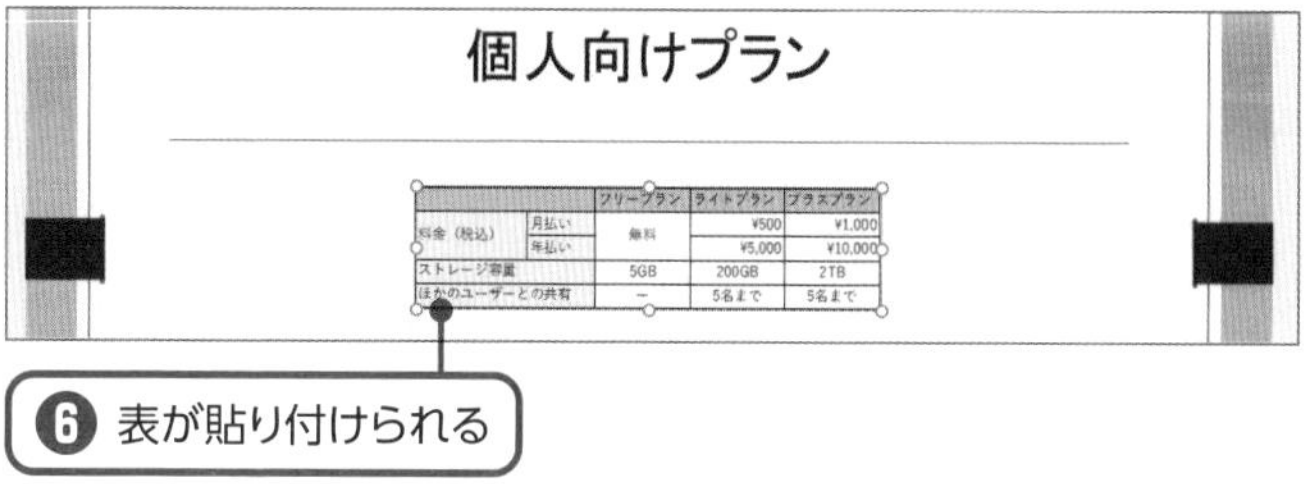

Column

［貼り付けのオプション］の利用

エクセルのグラフや表をコピーしてスライドに貼り付ける際、［ホーム］タブの［貼り付け］から貼り付ける形式を指定するが、貼り付けたあとにグラフや表の右下に表示される［貼り付けのオプション］からも、貼り付ける形式を指定することができる。

● グラフの［貼り付けのオプション］

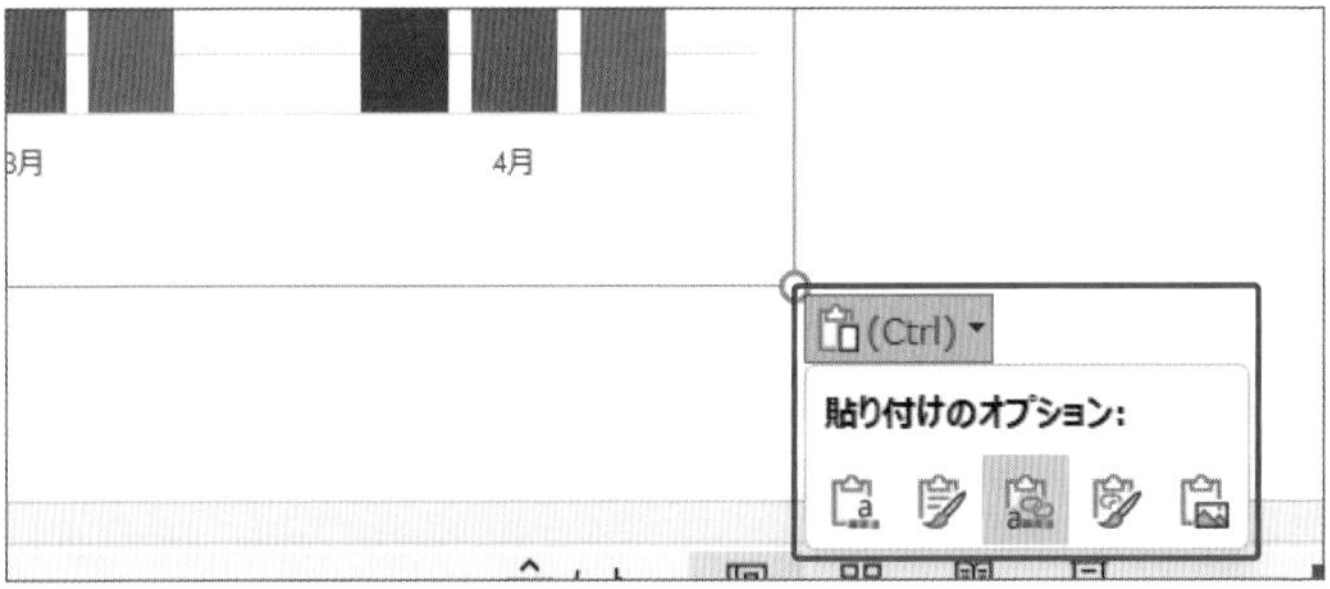

● 表の［貼り付けのオプション］

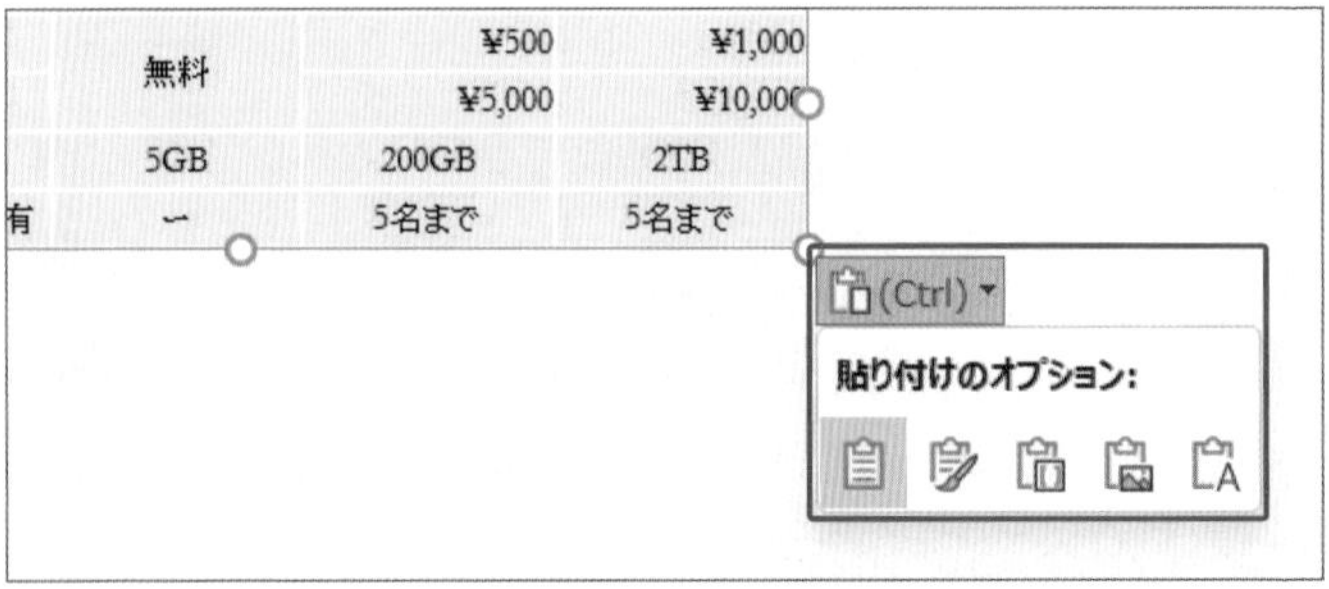

Chapter

4

画面切り替えとアニメーションのお約束

Section 27

アニメーションと画面切り替えってちがうの?

どちらも動きをつけて視覚的効果を与える

アニメーションと**画面切り替え**は、どちらも動きをつける機能だが、設定対象が異なる。

アニメーションは、テキストやグラフ、図形、グラフなどの**オブジェクトを動かしたい**とき、画面切り替えは、**スライドの切り替えに動きをつけたい**ときに利用する。

アニメーションや画面切り替えを利用すると、強調したり、注目させたり、期待感を高めたりといった効果がある。目的によって、どんなアニメーションや画面切り替えの種類を選ぶのか考えよう。

なお、1つのプレゼンテーション内で何種類ものアニメーションや画面切り替えを利用したり、派手な動きのものをメインとして頻繁に利用すると、見づらくなり、かえって逆効果になってしまう。すべて設定したあとに、スライドショーを実行して（150ページ参照）、自分が聴衆として見た場合の印象を確認しよう。

アニメーションと画面切り替え

アニメーション（強調：［拡大/縮小］）

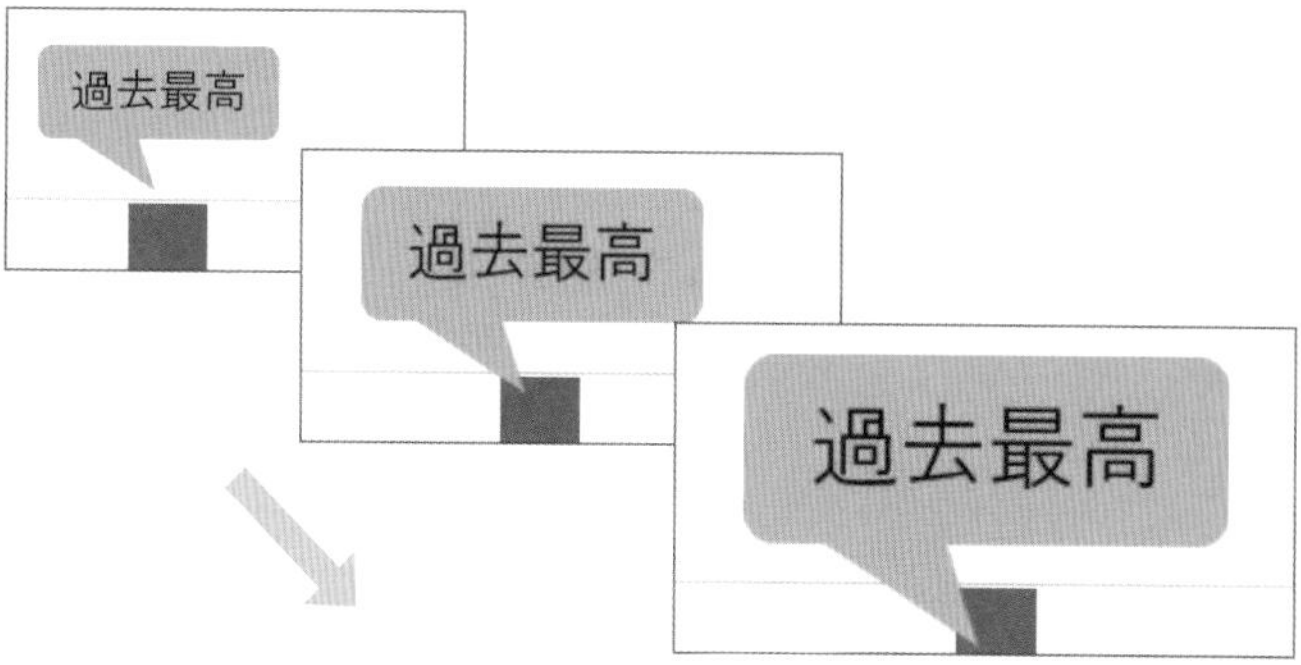

画面切り替え（ピールオフ）

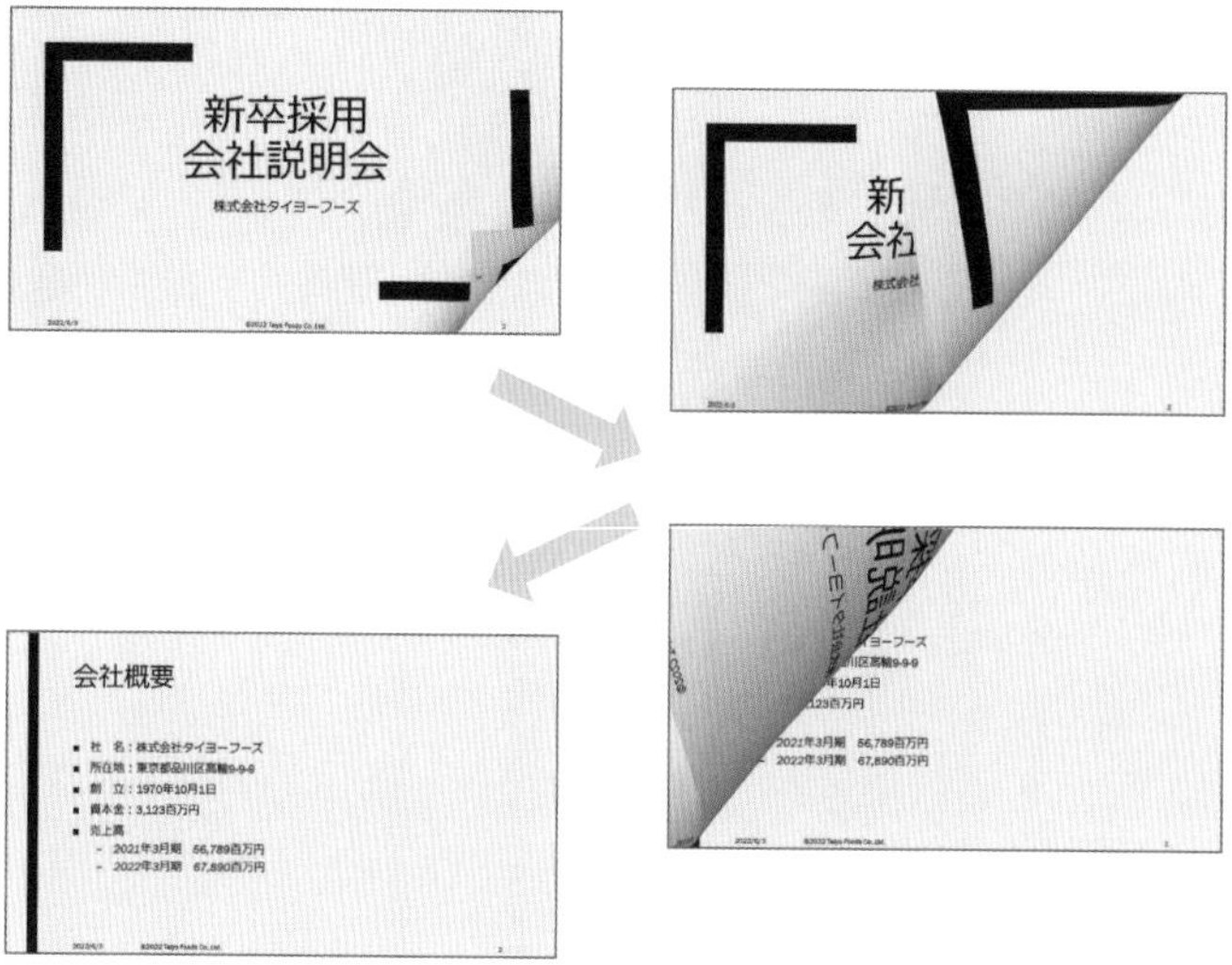

Section 28

画面切り替えを効果的に使う

画面切り替えを設定する

画面切り替えを設定するには、サムネイルウィンドウで目的のスライドをクリックして選択し、**[画面切り替え]タブの[画面切り替え]グループ**の[その他]▼をクリックして、目的の画面切り替えの種類をクリックする。複数のスライドを選択して、まとめて設定することも可能だ。また、[画面切り替え]タブの[すべてに適用]をクリックすると、すべてのスライドに設定される。画面切り替えを解除したい場合は、[画面切り替え]の一覧から[なし]をクリックする。

画面切り替えの種類は、シンプルな[弱]、動きが派手な[はなやか]、躍動感のある[ダイナミックコンテンツ]の3つに分類されている。すべてのスライドに[はなやか]や[ダイナミックコンテンツ]を設定すると、しつこくなってしまうので、基本的には[弱]の画面切り替えを利用し、クライマックスとなるスライドに[はなやか]や[ダイナミックコンテンツ]を設定するのがおすすめだ。

画面切り替えの設定

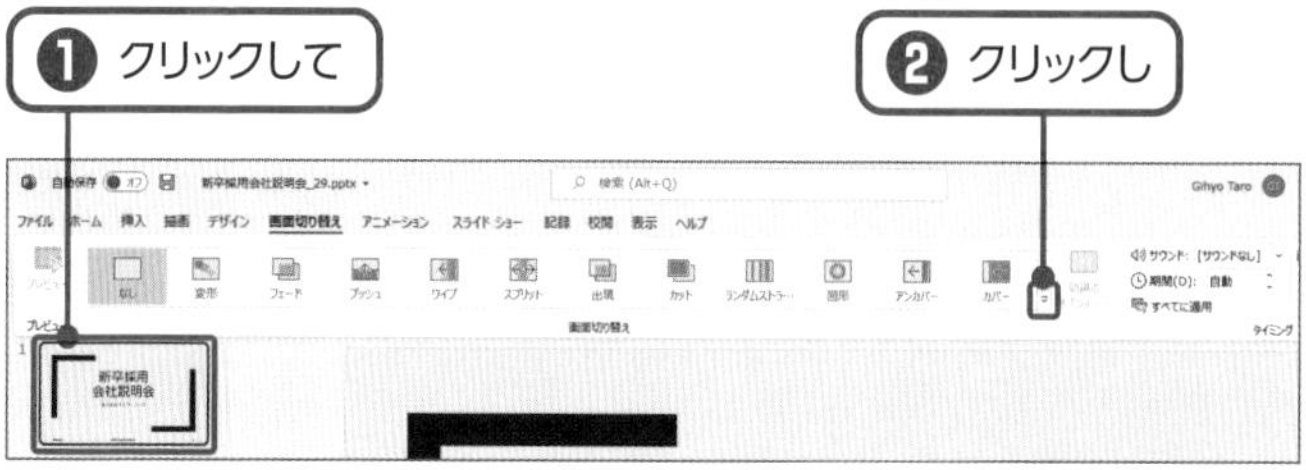

❶ クリックして
❷ クリックし

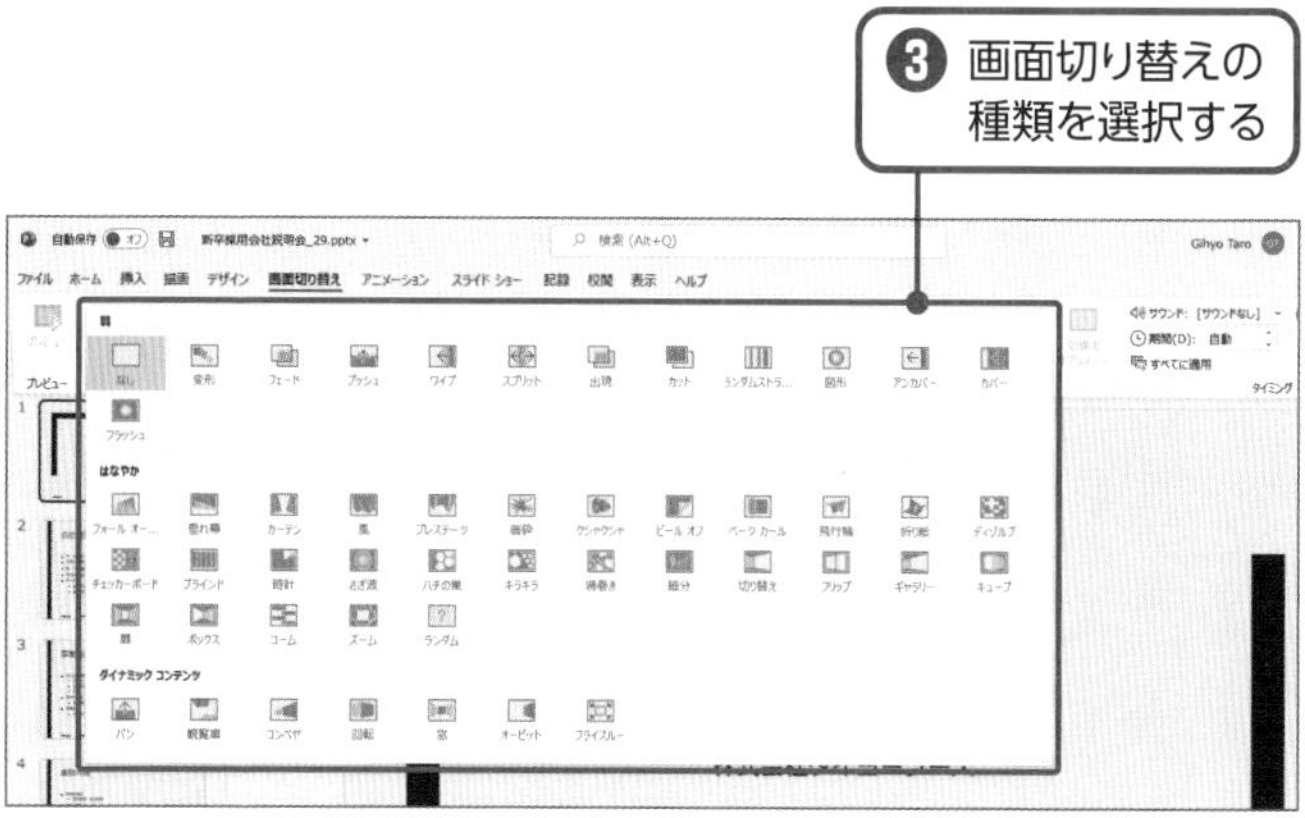

❸ 画面切り替えの種類を選択する

One Point

- 基本は［弱］から選ぶ
- クライマックスは［はなやか］や［ダイナミックコンテンツ］から選ぶ

●画面切り替えの方向やスピードを調整する

画面切り替えを設定したら、［画面切り替え］タブの［プレビュー］をクリックすると、切り替え時のイメージを確認できる。

スライドが切り替わる方向や、［図形］を設定した場合の**形状**などは、変更することが可能だ。その場合は、サムネイルウィンドウで目的のスライドを選択し、［画面切り替え］タブの［効果のオプション］をクリックして、目的のオプションをクリックする。なお、［効果のオプション］に表示される項目は、設定している画面切り替えの種類によって異なる。

画面切り替えは、切り替えを実行してから次のスライドが表示されるまでの時間にも配慮しよう。速すぎると目が疲れるし、遅いとイライラしてしまう。変更するには、［画面切り替え］タブの［期間］の［△］や［▽］をクリックするか、ボックスに数値を入力する。数値が大きいとスピードが遅くなり、小さいと速くなる。

また、既定では、スライドショーの実行時に次のスライドに切り替えるには、クリックするが、自動的に切り替わるようにすることもできる。その場合は、［画面切り替え］のタイミング］の［自動］をオンにし、ボックスに次のスライドに切り替わるまでの時間を秒数で指定する。

方向や形状の調整

● [ワイプ] の場合

● [図形] の場合

スピードやタイミングの調整

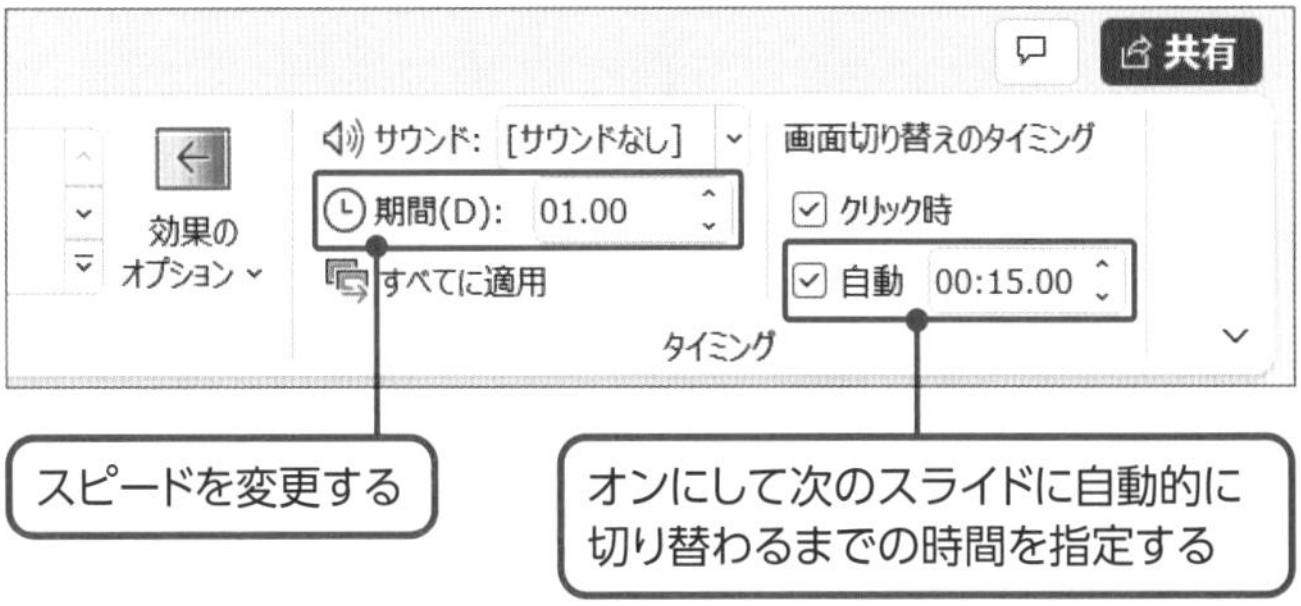

おすすめの画面切り替え

ここでは、おすすめの画面切り替えの種類をいくつか紹介する。

基本で使うシンプルなものとしては、［フェード］や［ワイプ］、［プッシュ］などがおすすめだ。［**フェード**］は、前のスライドがフェードアウトし、次のスライドが徐々に表示される。［**ワイプ**］は、前のスライドが端から消え、次のスライドが端から表示される。［フェード］も［ワイプ］もスライド自体の動きはないので、非常に見やすい。それでは少しもの足りないときは、前のスライドが次のスライドに押し出されるように切り替わる［**プッシュ**］、次のスライドが前のスライドの上に滑り込むように表示される［**カバー**］を使うとよいだろう。

タイトルスライドや、プレゼンテーションのクライマックスとなるスライドには、動きが派手な画面切り替えを使って、聞き手の期待感を高めるのも効果的だ。［**キラキラ**］は、小さな図形が波打って次のスライドが表示される効果で、図形は六角形かひし形を選択できる。また、［**キューブ**］は、側面にスライドの表示されている箱が回転して、次のスライドに切り替わる効果だ。

動きの派手な画面切り替えは、くれぐれも使いすぎないように注意しよう。

画面切り替えの設定例

●［フェード］

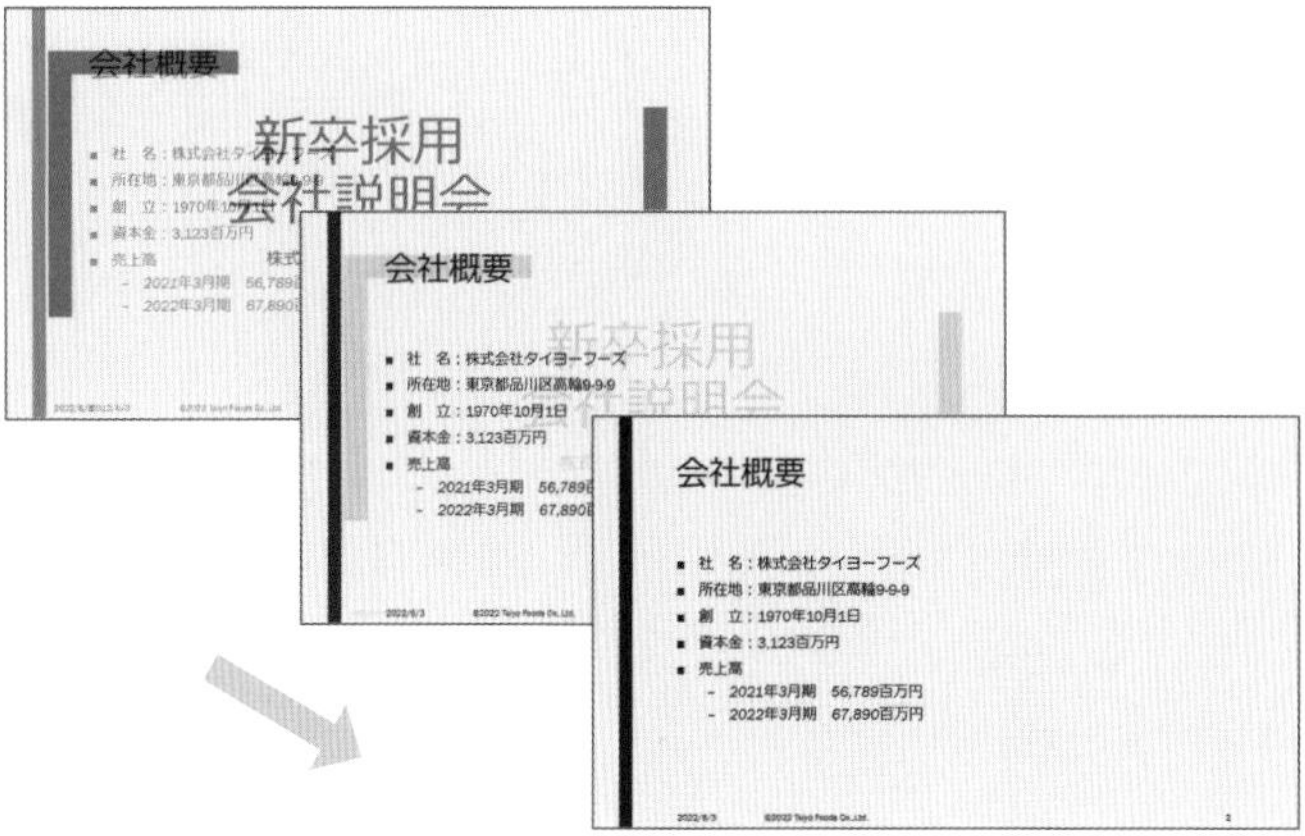

●［キラキラ］

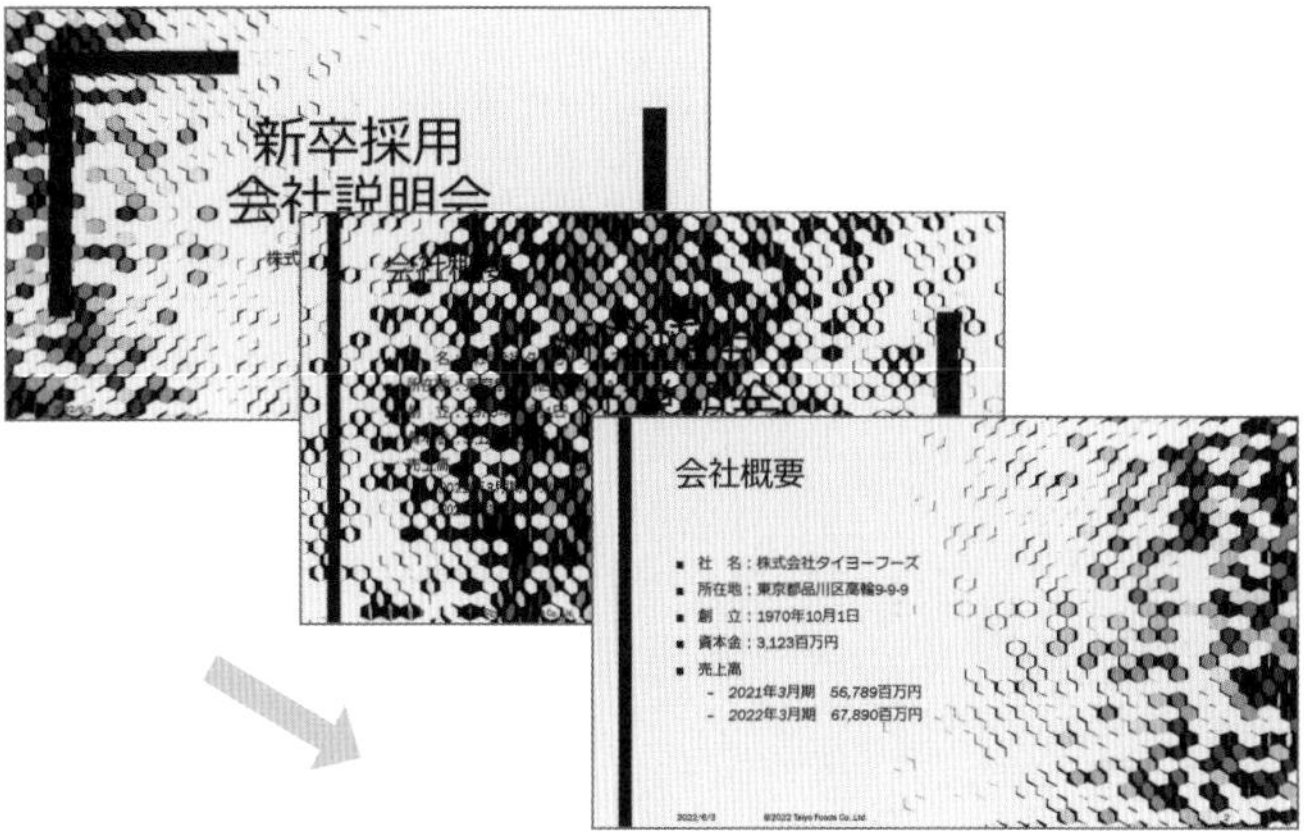

Section 29

アニメーションを効果的に使う

●アニメーションの種類と使いどころ

アニメーションには、大きく分けて4種類ある。

1つめはオブジェクトを表示するための［**開始**］。たとえば、スライドが表示されたときにテキストは非表示にしておき、タイミングがきたらテキストが表示されるようにする。2つめは、オブジェクトを拡大したり、色を変えたりして目立たせるための［**強調**］（109ページ上図参照）だ。3つめはオブジェクトを非表示にするための［**終了**］。説明している事項に聴き手を集中させるため、説明が終わったテキストなどを非表示にしておくといった使いかたができる。

最後はオブジェクトが動く軌跡を設定する［**アニメーションの軌跡**］だ。あらかじめ用意されている軌跡から選択できるほか、自分で軌跡を描画して、オブジェクトを自由に動かすことも可能だ。

アニメーションの種類

開始：[スライドイン]

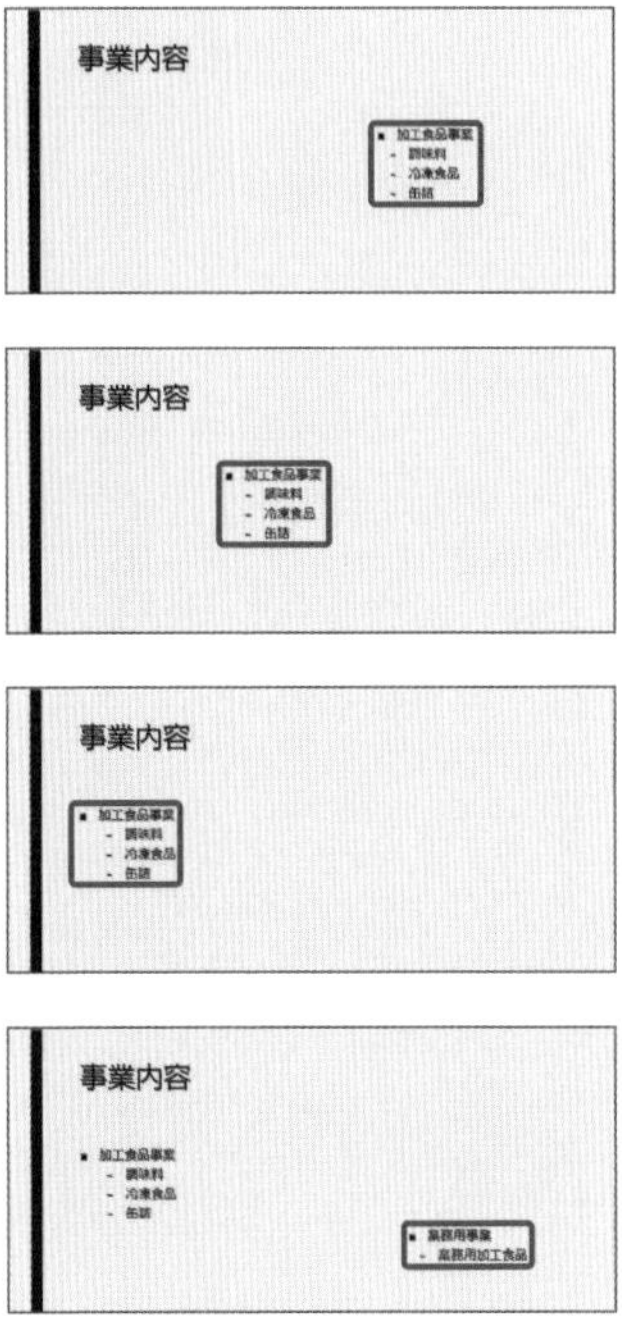

終了：[フェード]

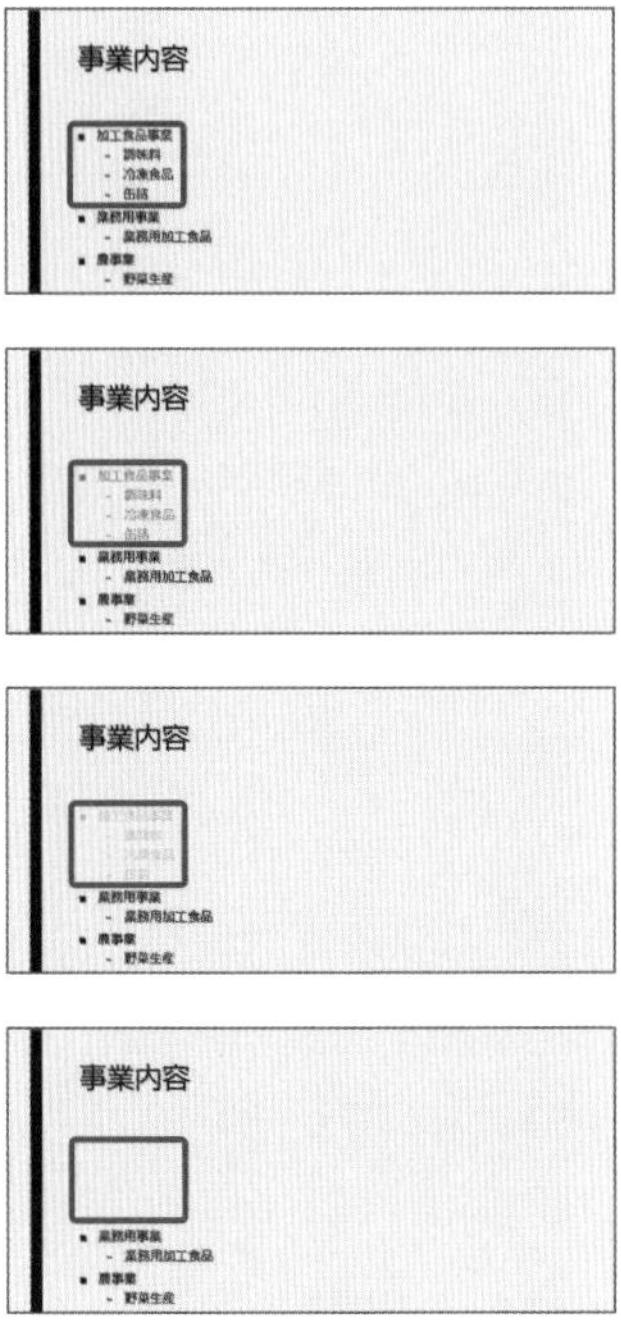

アニメーションの軌跡：[アーチ（上）]

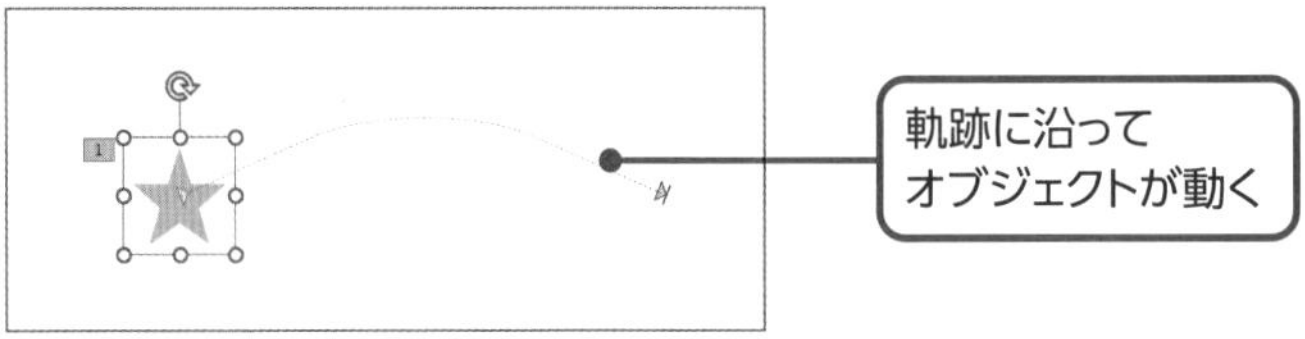

●アニメーションを設定する

アニメーションを設定するには、オブジェクトをクリックして選択し、**［アニメーション］タブの［アニメーション］グループ**の［その他］▽をクリックして、目的のアニメーションの種類をクリックする。一覧に目的のアニメーションが表示されていない場合は、［その他の開始効果］などをクリックすると、ダイアログボックスが表示されるので、アニメーションをクリックし、［OK］をクリックする。

1つのオブジェクトには、［開始］のアニメーションで表示したあと、［強調］で目立たせ、［終了］のアニメーションで非表示にするといったように、**複数のアニメーションを設定**することも可能だ。その場合は、2つめ以降のアニメーションを、［アニメーション］タブの［アニメーションの追加］から指定する。［アニメーション］グループから指定すると、置き換わってしまうので注意しよう。

アニメーションを設定したオブジェクトには、左上に数字の記載されたオレンジ色の四角形が表示される。この数字は、アニメーションが再生される順序を示していて、［アニメーション］タブのときのみ表示される。

なお、設定したアニメーションを解除したい場合は、オブジェクトを選択し、［アニメーション］グループの一覧から［なし］をクリックすればよい。

アニメーションの設定

❶ クリックして

❷ クリックし

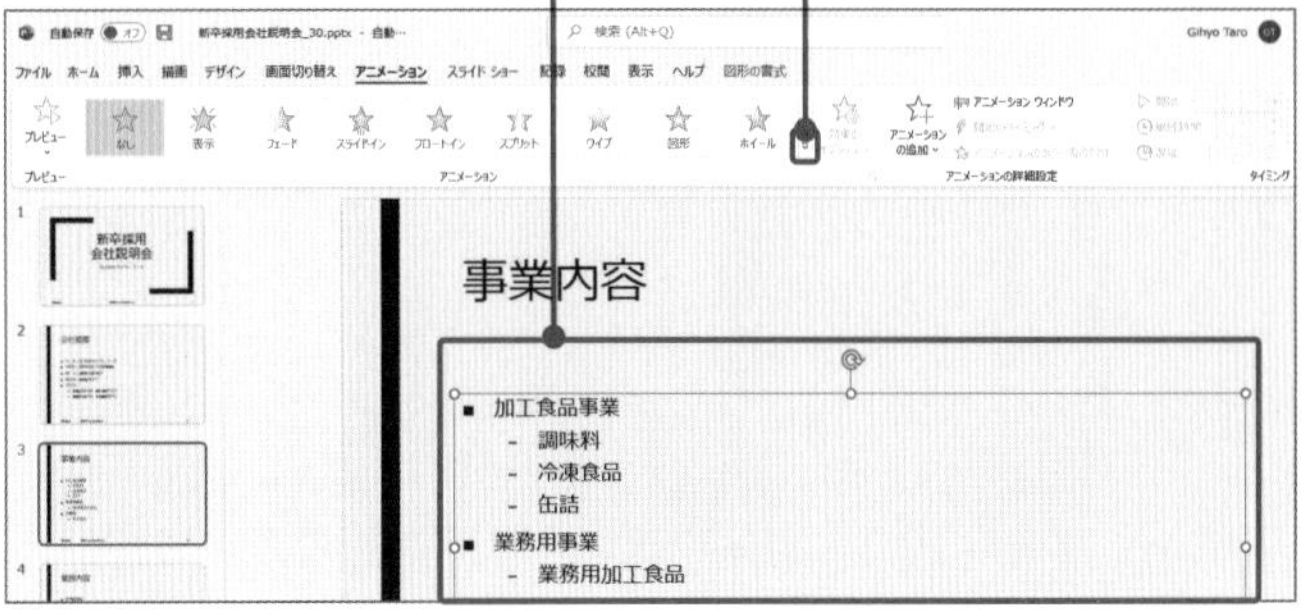

❸ アニメーションの種類を選択する

一覧に表示されていないアニメーションも選択できる

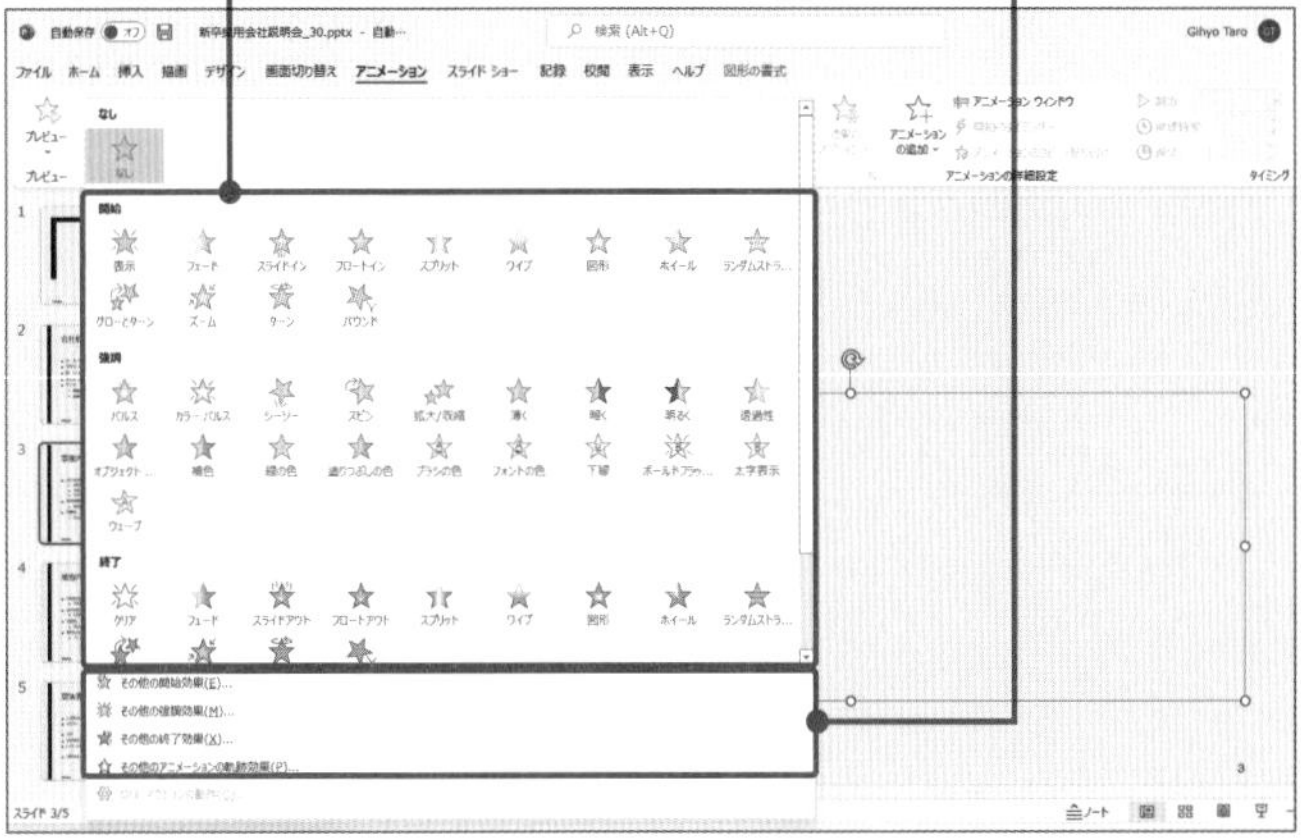

●アニメーションの方向やスピードを調整する

設定したアニメーションを確認するには、［アニメーション］タブの［プレビュー］をクリックする。この場合は、表示しているスライドに設定されたすべてのアニメーションが再生される。

アニメーションの**オブジェクトが動く方向**などの設定を変更するには、アニメーションの再生順序を示す数字またはオブジェクトをクリックして選択し、［アニメーション］タブの［効果のオプション］をクリックして、目的のオプションをクリックする。一覧に表示される項目は、設定しているアニメーションやオブジェクトの種類によって異なる。

また、**アニメーションのスピード**は、［継続時間］で変更できる。数値が大きいとスピードが遅くなり、小さいと速くなる。

既定では、スライドショーの実行時にアニメーションを再生するにはクリックするが、自動的に再生させることもできる。たとえば、スライドを切り替えて表示された1秒後に、最初のアニメーションを再生させるといった具合だ。その例の場合は、［開始］で［直前の動作の後］を指定し、［遅延］に「1」と秒数を入力する。なお、［直前の動作と同時］を指定すれば、直前のアニメーションと同じタイミングで再生が開始される。

アニメーションの方向などの調整

テキストに設定した［スライドイン］の場合

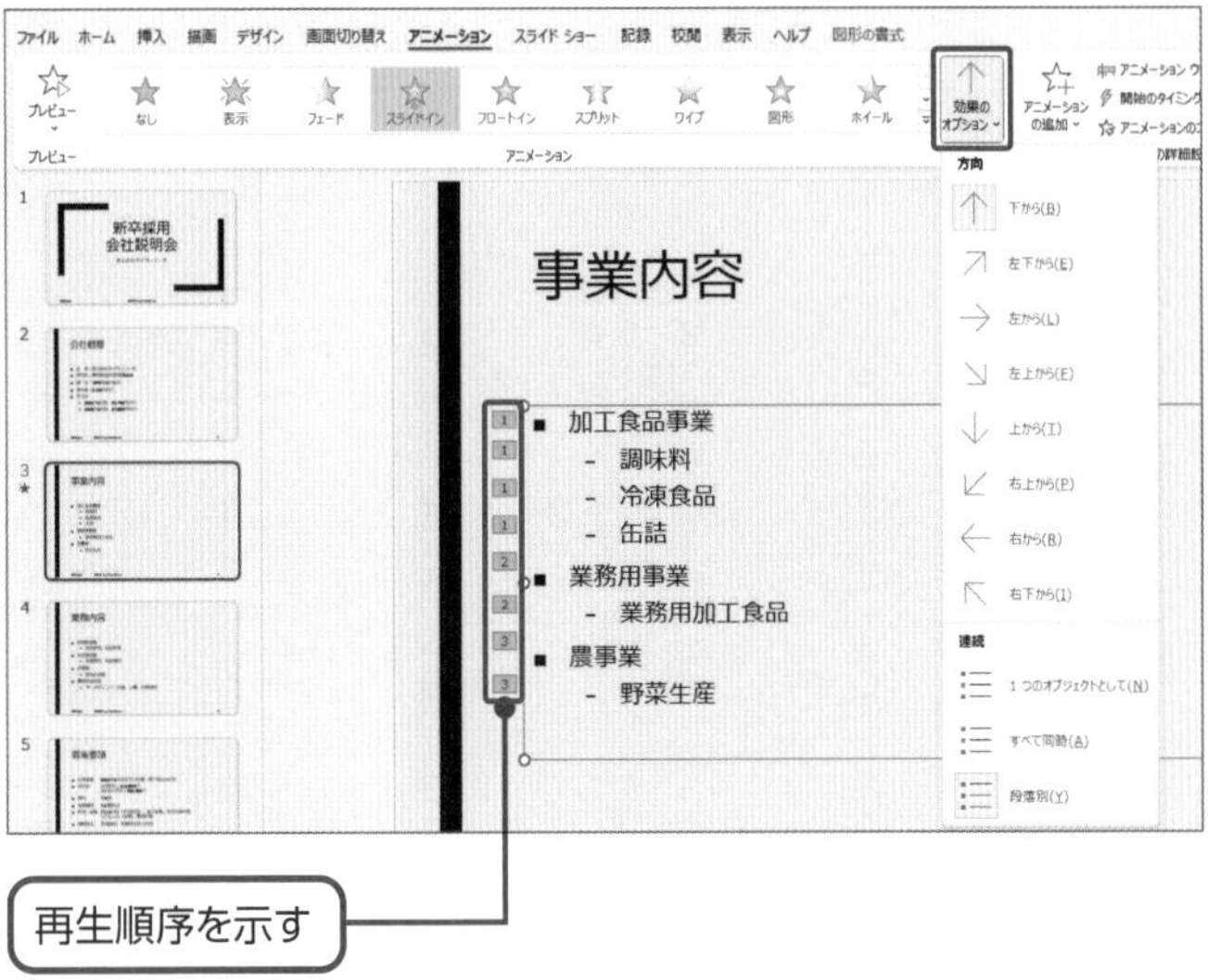

スピードやタイミングの調整

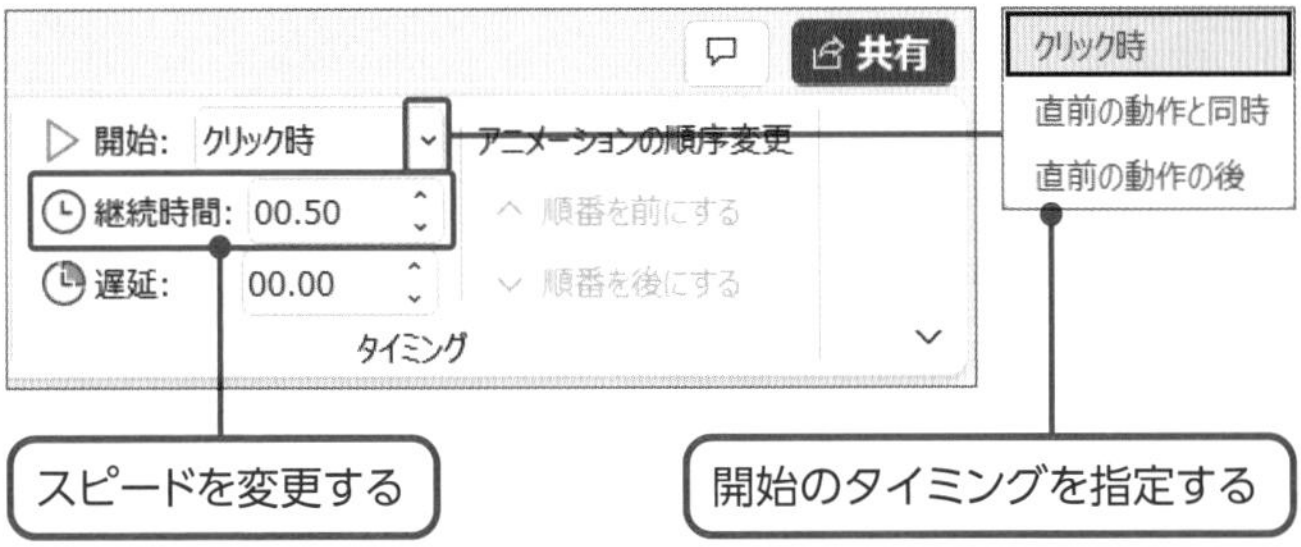

Section 30

ワイプを使って棒グラフを動かす

グラフの棒が伸びてくる［ワイプ］

セクション30から32は、おすすめのアニメーションの設定例をいくつか紹介しよう。最初は、**棒グラフの棒が伸びるように表示される［ワイプ］**だ。既定では、グラフ全体が1つのオブジェクトとして、すべてのデータ要素が同時に再生されるが、左ページの例では、各月のデータが順に表示されるように設定を変更している。

［ワイプ］のアニメーションを設定するには、グラフをクリックして選択し、［アニメーション］タブの［アニメーション］グループから、［開始］の［ワイプ］をクリックする。［終了］にも［ワイプ］があるので間違えないようにしよう。

縦棒グラフの場合、オブジェクトの動く方向はこのままでよいが、横棒グラフの場合は、［アニメーション］タブの［効果のオプション］をクリックして、［方向］で［左から］をクリックすると、グラフの棒が「0」から表示されるようになる。

[ワイプ]を使った棒グラフ

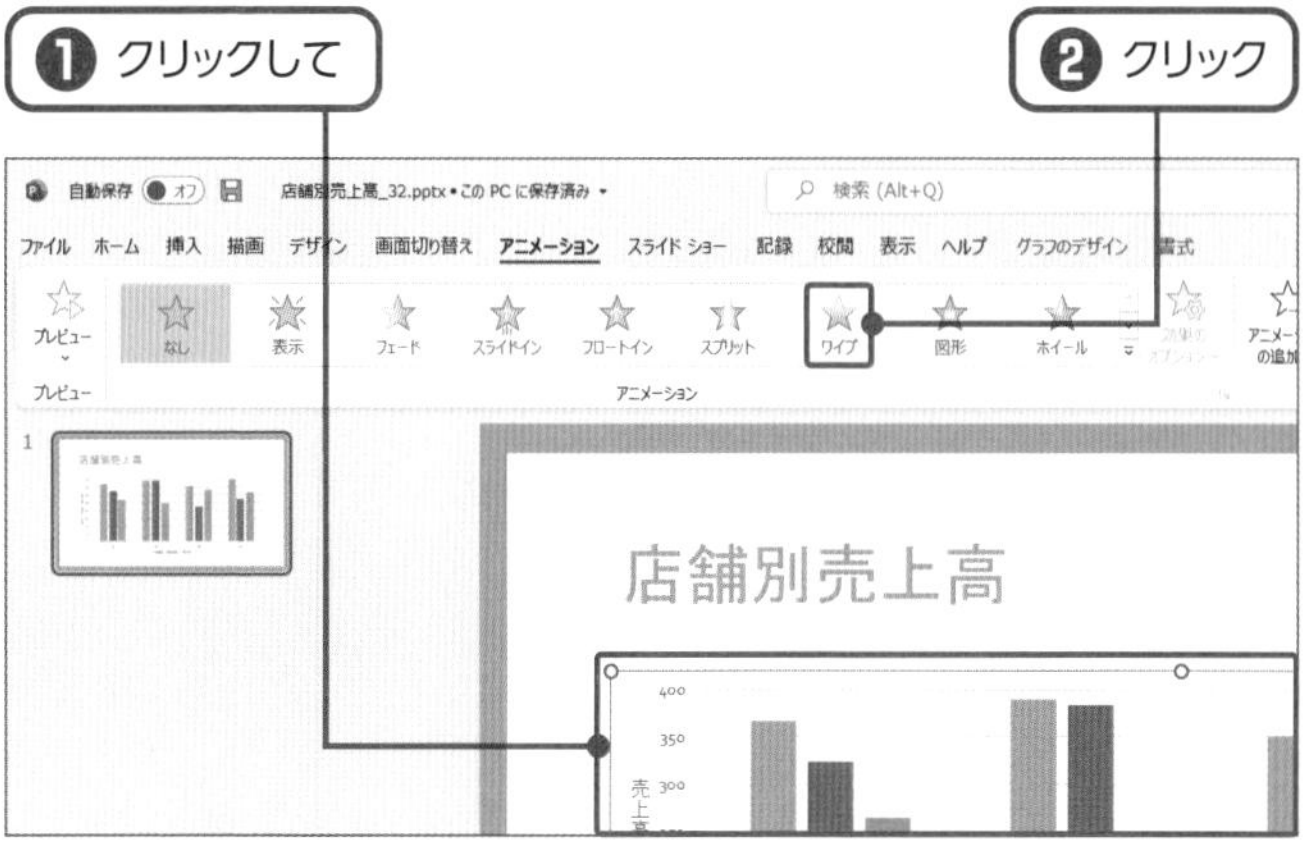

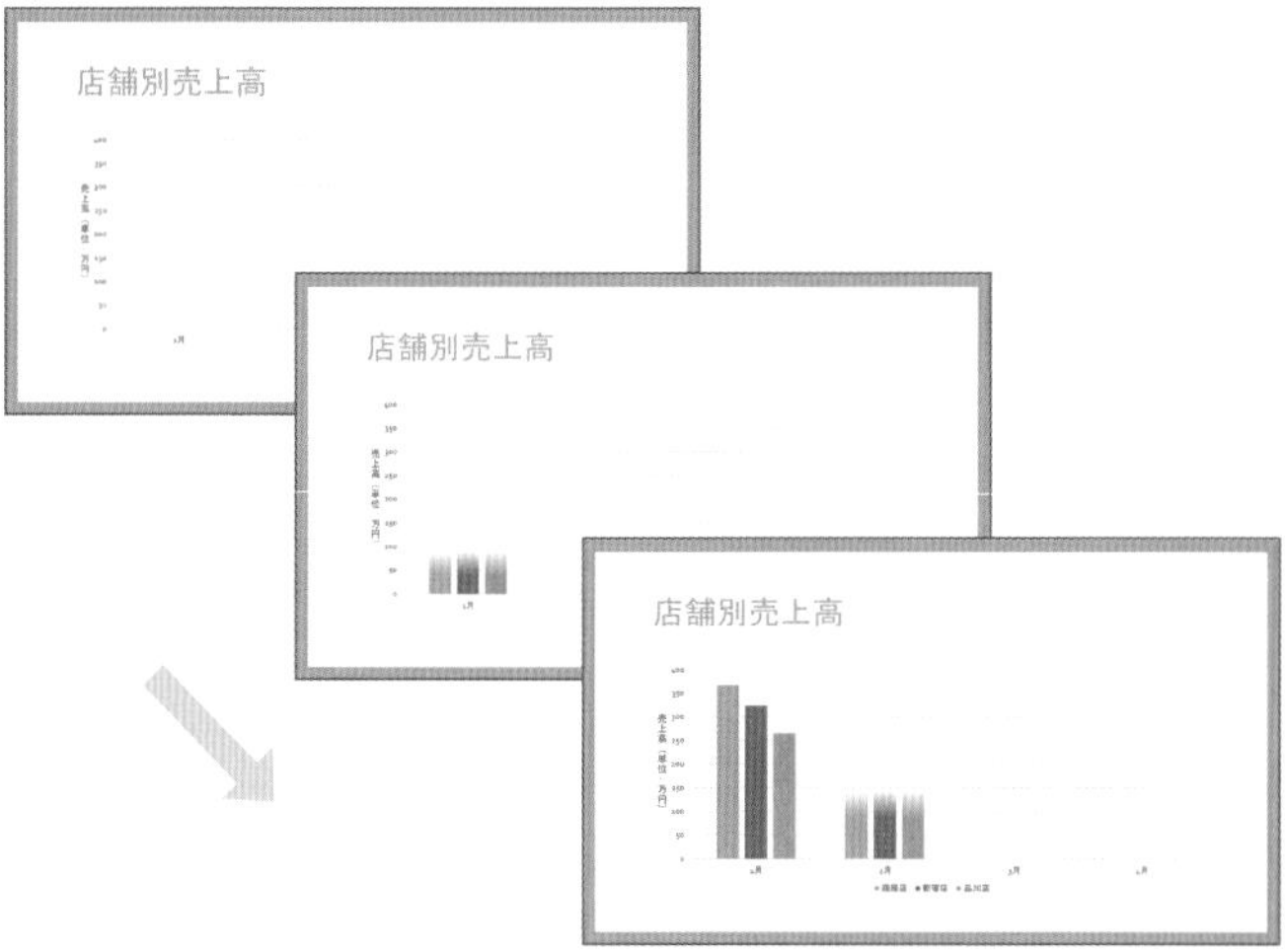

●月ごとのデータが順に表示されるようにする

既定のままグラフ全体が1つのオブジェクトとして同時に再生されると、グラフで伝えたいことのポイントがはっきりせず、聞き手の期待感や驚きもなくなってしまう。強調したいデータに応じて、**再生するグループや順序を変更**しよう。

123ページのように、月ごとの全店舗のデータを順に表示するには、グラフをクリックして選択し、［アニメーション］タブの［効果のオプション］をクリックして、［連続］から［**項目別**］をクリックする。なお、［系列別］にすると銀座店→新宿店→品川店の順、［系列の要素別］にすると銀座店の月順→新宿店の月順→品川店の月順、［項目の要素別］にすると1月の店舗順→2月の店舗順…で表示される。しかし、要素別に表示させるとかなり時間がかかるので、使うときは注意が必要だ。

また、グラフの軸や目盛線などにはアニメーションを設定しないことも可能だ。その場合は、グラフを選択し、［アニメーション］タブの［アニメーション］グループのダイアログボックス起動ツール をクリックする。［ワイプ］ダイアログボックスが表示されるので、［グラフアニメーション］タブの［グラフの背景を描画してアニメーションを開始］をオフにし、［OK］をクリックする。

［ワイプ］の設定の変更

項目別に表示する

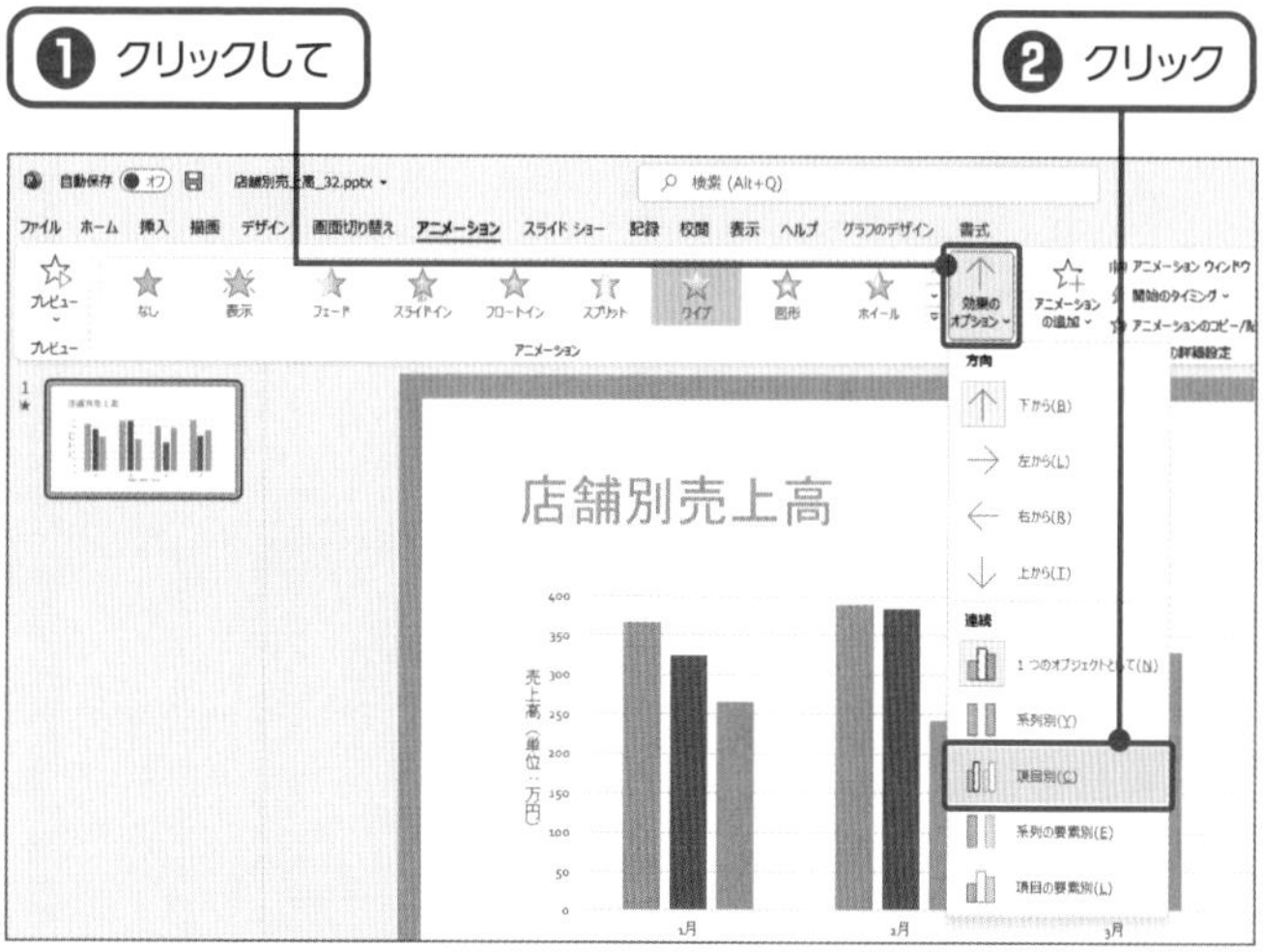

背景にアニメーションを設定しない

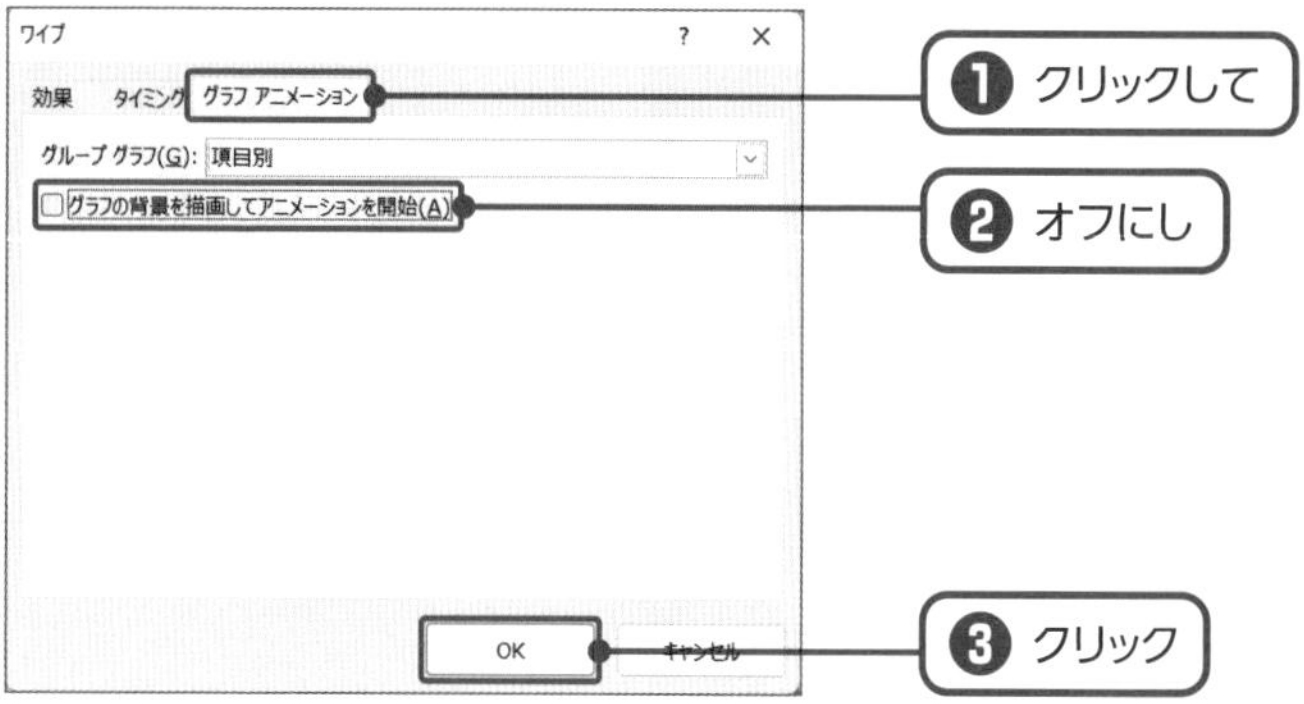

Section 31

ホイールを使って円グラフを動かす

●円グラフが時計回りに表示される［ホイール］

円グラフに設定するグラフは、時計回りに徐々に表示される［ホイール］がおすすめだ。グラフをクリックして選択し、［アニメーション］タブの［アニメーション］グループから、［開始］の［ホイール］をクリックする。

既定では全項目が一度に表示されるが、項目ごとに説明を入れたい場合などは、項目ごとに表示させることができる。その場合は、［アニメーション］タブの［効果のオプション］をクリックし、［連続］から［項目別］をクリックする。スライドショーで次の項目を表示するときは、クリックするか、自動的に再生する設定を行っておく必要がある。

なお、再生時の形状の中心が、円グラフの中心からずれてしまうことがある。1つのオブジェクトとして再生している場合は［凡例］を非表示にし（88ページ参照）、項目別に再生している場合は［データラベル］を［内側］に表示すると（92ページ参照）、解決する。

［ホイール］を使った円グラフ

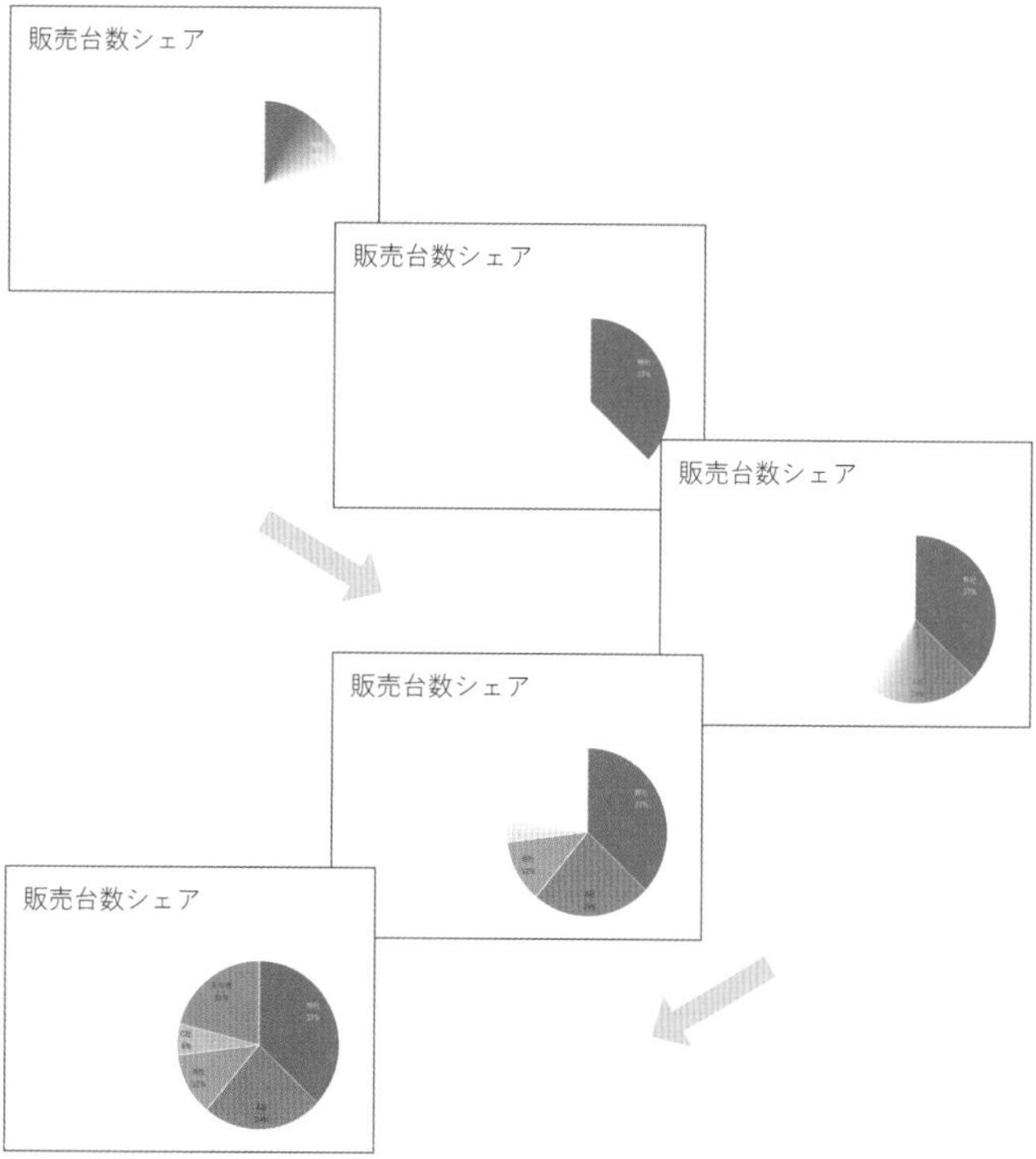

One Point

- 凡例は表示しない
- データラベルは内側に表示する

Section 32

フェードを使って1行ずつ箇条書きを表示する

●テキストが徐々に表示される［フェード］

箇条書きのテキストにおすすめのアニメーションは、徐々に表示される［フェード］だ。テキスト自体は動かないため、見ていて疲れることもない。［フェード］を設定するには、テキストのプレースホルダーをクリックして選択し、［アニメーション］タブの［アニメーション］グループから、［開始］の［フェード］をクリックする。

テキストに段落レベルを設定している場合（34ページ参照）、既定では第1レベルとそれに属する下位レベルのテキストが同時に再生される。一度に再生されるグループを変更するには、［アニメーション］タブの［アニメーション］グループのダイアログボックス起動ツール↘をクリックする。［フェード］ダイアログボックスが表示されるので、［テキストアニメーション］タブの［グループテキスト］で、段落レベルを指定し、［OK］をクリックする。

[フェード] を使ったテキスト

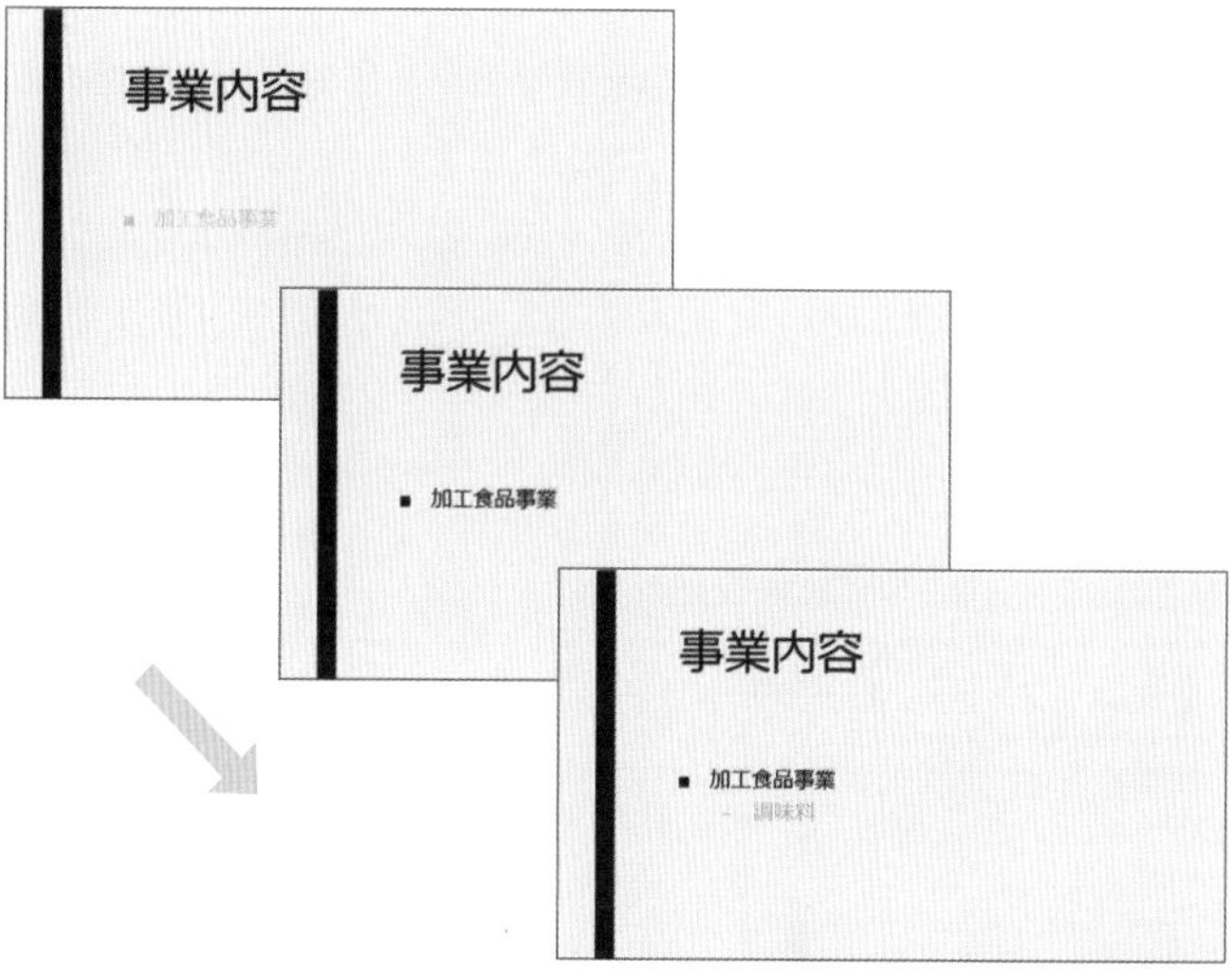

背景にアニメーションを設定しない

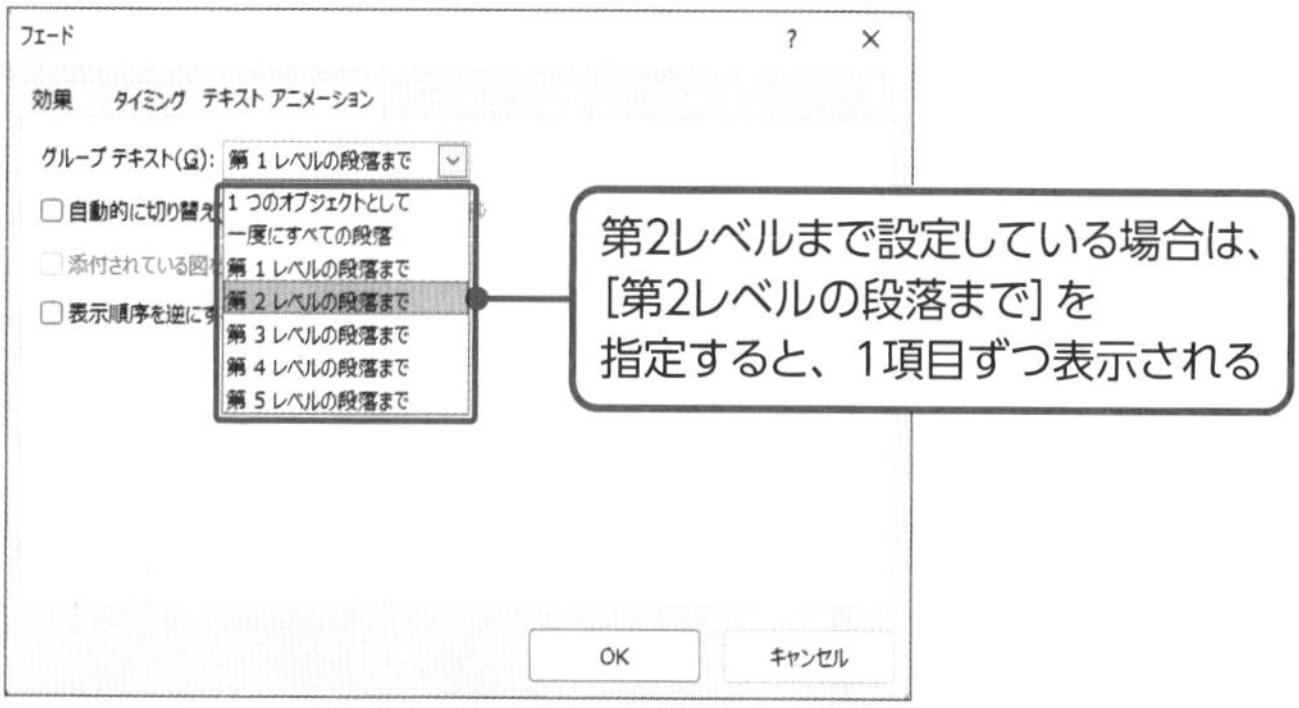

Column

アニメーションのコピー

同じアニメーションをほかのオブジェクトにも適用するとき、1つ1つに設定するのは非効率的なので、[アニメーションのコピー/貼り付け]を利用する。コピーするオブジェクトを選択し、[アニメーション]タブの[アニメーションのコピー/貼り付け]をダブルクリックして、貼り付けたいオブジェクトをクリックする。貼り付けが終わったら、Esc を押すと、マウスポインターの形が元に戻る。

● アニメーションのコピー/貼り付け

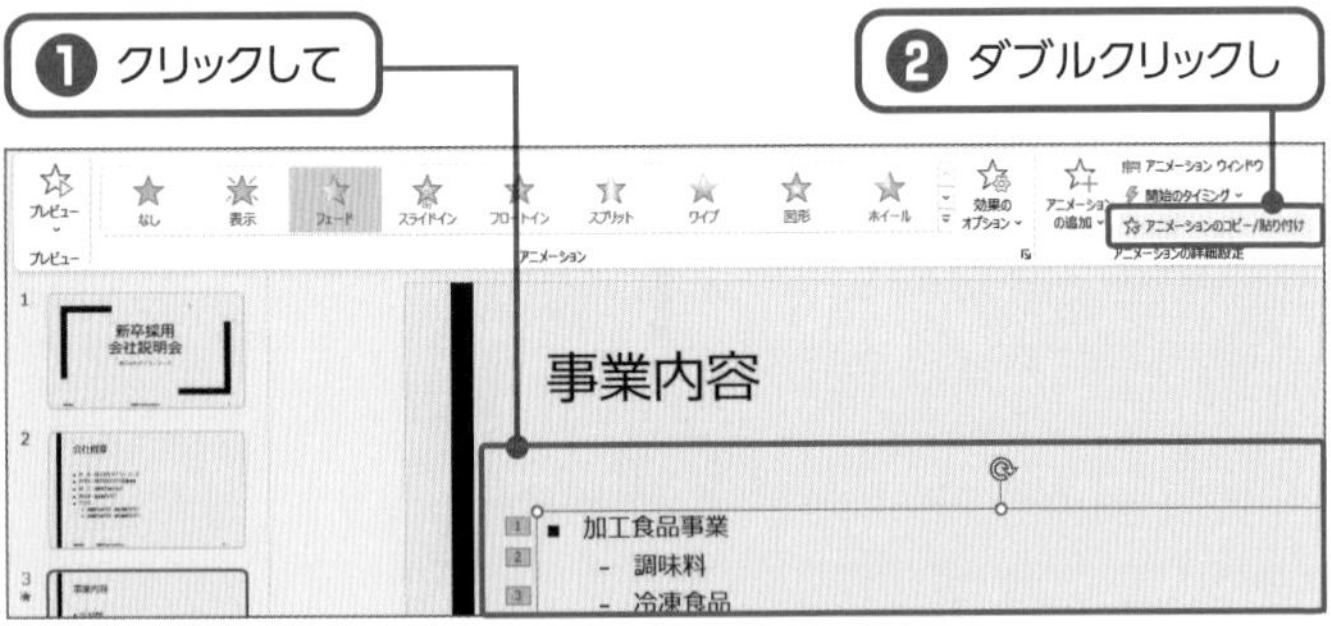

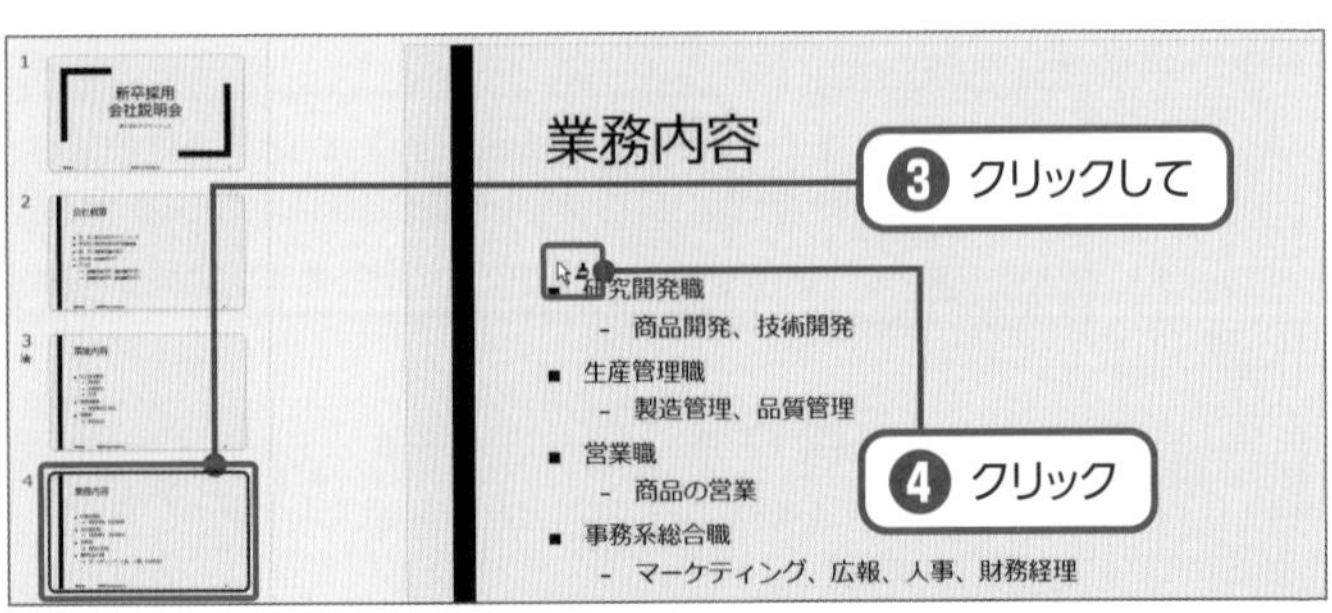

Chapter

5

スライド印刷とプレゼンの便利技

Section 33

プレゼンの準備をする

●本番をイメージする

スライドが完成したら、いよいよプレゼンテーション本番だ。プレゼンテーションでは、外部モニターやスクリーンに参加者向けのスライドショーを表示し、発表者用のパソコンには「**発表者ツール**」という画面を表示させる（156ページ参照）。発表者ツールでは、「**ノート**」という**発表者用のメモ**や、次のアニメーションやスライド、プレゼンテーションを実行するのに必要なツールなどが表示される。ノートはあらかじめ入力しておき（134ページ参照）、必要に応じて印刷する（146ページ参照）。

ほかには、参加者にスライドを印刷したものを配布するかどうかも検討する。配布する場合は、どのようなレイアウトにするのか、何部印刷する必要があるのかも確認しておこう（136ページ参照）。

リハーサルは必ずやっておいたほうがよい。実際にスライドを切り替えながら話し、話す内容やパワーポイントの操作方法、かかった時間などを確認する。

プレゼンテーション本番の前に…

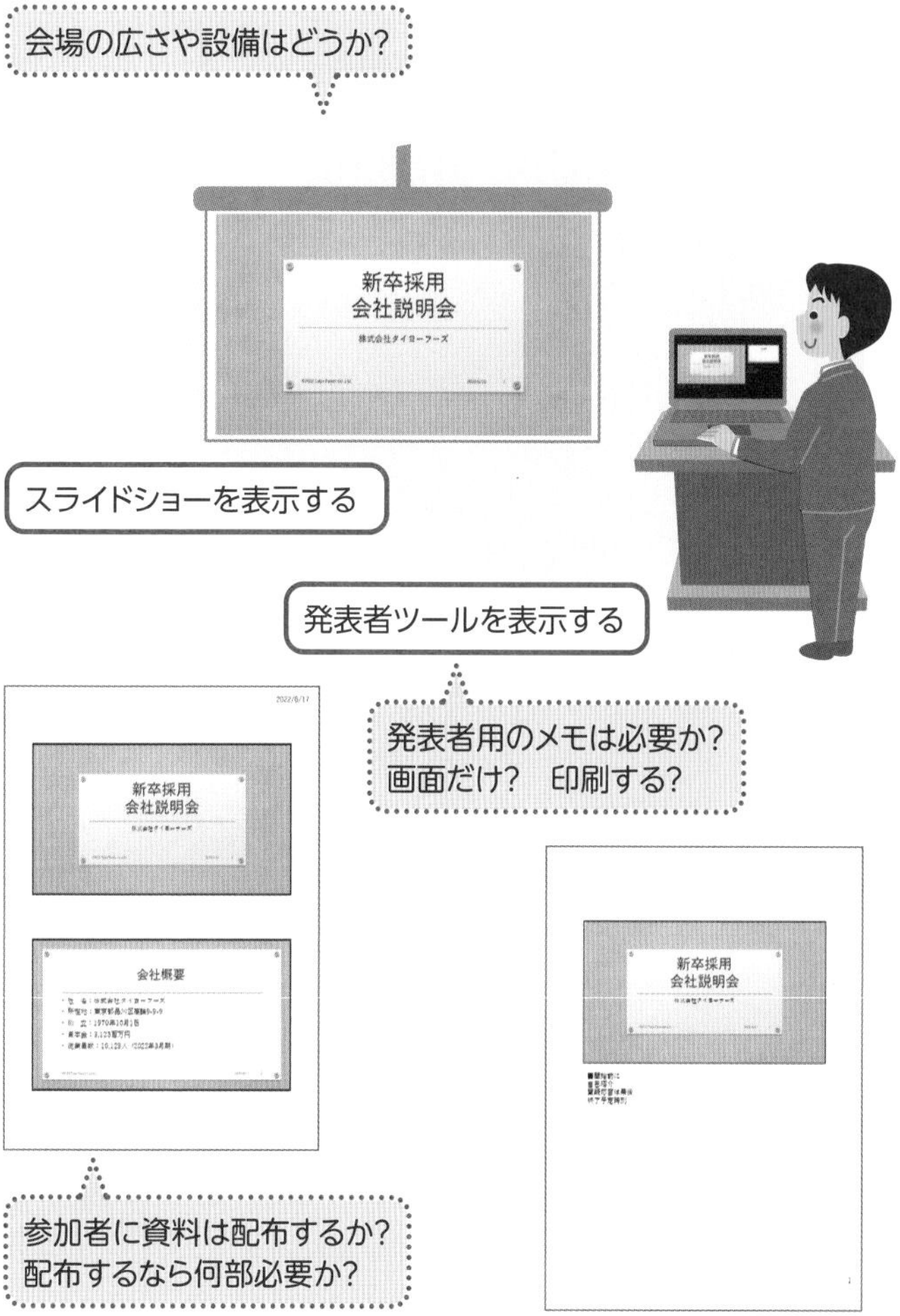
会場の広さや設備はどうか?
新卒採用
会社説明会
スライドショーを表示する
発表者ツールを表示する
発表者用のメモは必要か?
画面だけ?　印刷する?
会社概要
参加者に資料は配布するか?
配布するなら何部必要か?

Section 34

発表者用のメモを作成する

ノートを入力する

パワーポイントには、スライドごとに発表者用のメモを入力できる「ノート」という機能がある。ノートは、発表者ツールでスライドショーの実行中に発表者にだけ表示させたり（156ページ参照）、スライドとセットで印刷したり（146ページ参照）することができる。話す内容や、強調するポイントなどを入力しておけば、たとえ本番中に忘れてしまっても安心だ。

ノートは、ノートペインに入力する。ウィンドウ右下の「ノート」をクリックするか、［表示］タブの［表示］グループの「ノート」をクリックすると、スライドの下にノートペインが表示される。ノートペインとスライドウィンドウの境界線を上にドラッグすると、ノートペインの領域が広がるので、クリックして入力しよう。

なお、ノートペインを非表示にするには、再度［表示］タブの［表示］グループの「ノート」またはウィンドウ右下の「ノート」をクリックする。

ノートの入力

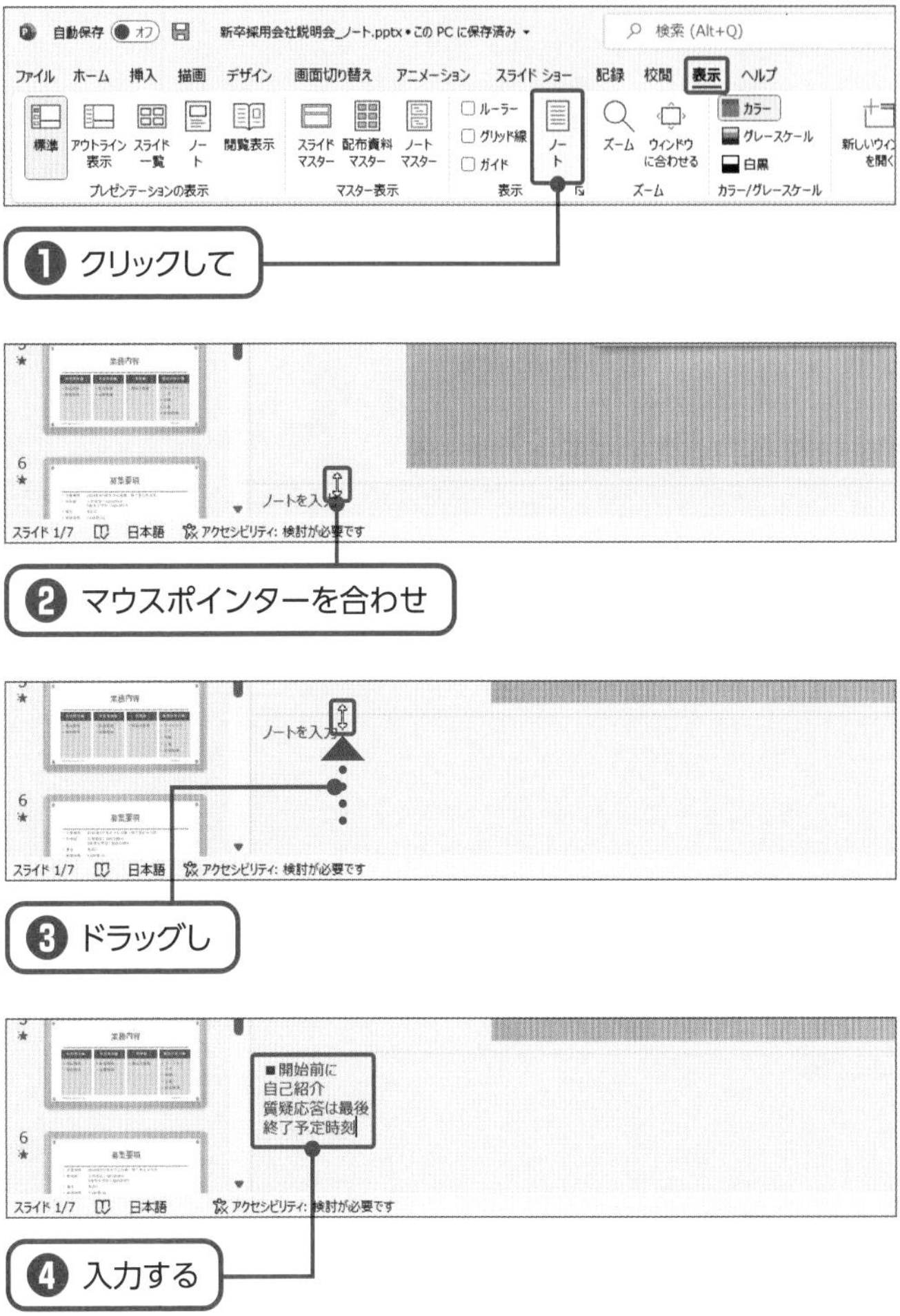

Chapter 5 スライド印刷とプレゼンの便利技

Section 35

スライド印刷の基本

さまざまなレイアウトで印刷できる

スライドを印刷するときは、次の4種類から印刷対象を選択できる。

①【フルページサイズのスライド】（138ページ参照）

スライドショーと同じ画面を1枚ずつ印刷する。

②【ノート】（146ページ参照）

発表者用のノート（134ページ参照）とスライドをセットで印刷する。

③【アウトライン】

アウトライン表示モード（32ページ参照）のように、各スライドのタイトルとテキストだけを印刷する。

④【配布資料】（142ページ参照）

1枚の用紙に複数のスライドを配置して印刷する。スライドの枚数や縦・横に応じて9種類のレイアウトから選択できる。

スライドの印刷

[フルページサイズのスライド]

[ノート]

[アウトライン]

[配布資料]（2スライド）

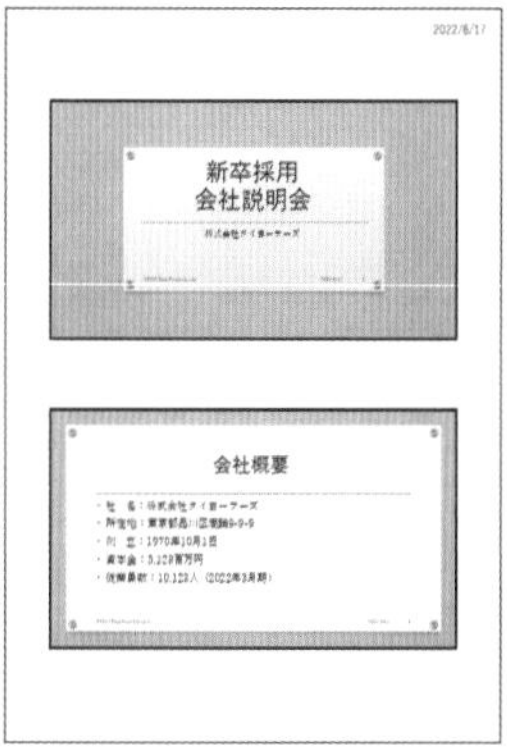

●スライドを1枚ずつ印刷する

［フルページサイズのスライド］を印刷する場合を例に、印刷の方法を解説する。［ファイル］タブの［印刷］で、印刷対象を選択するリストから［フルページサイズのスライド］を選択し、［プリンター］のリストから使用するプリンターを選択する。

画面右側には、**印刷プレビュー**が表示され、スライドを印刷したときのイメージを確認することができる。表示倍率を変更したいときは、ウィンドウ右下のスライダーをドラッグするか、［＋］［－］をクリックする。また、印刷プレビュー左下の◀ ▶をクリックすると、前のページまたは次のページを表示できる。

印刷プレビューで確認して、問題なければ、［部数］で印刷部数を指定し、［印刷］をクリックして、印刷を実行する。最初にスライドを印刷するときは、部数は1枚にしておくことをおすすめする。画面で見たときには気づかなかった誤字に、印刷したら気づくこともあるからだ。

［印刷］をクリックしたあとに、印刷を取り消したくなったときは、ウィンドウズのタスクバーのプリンターのアイコンをダブルクリックする。ドキュメント名が表示されている状態ならまだ間に合うので、ドキュメント名を右クリックして、［キャンセル］をクリックする。確認のメッセージが表示されたら、［はい］をクリックする。

フルページサイズのスライドの印刷

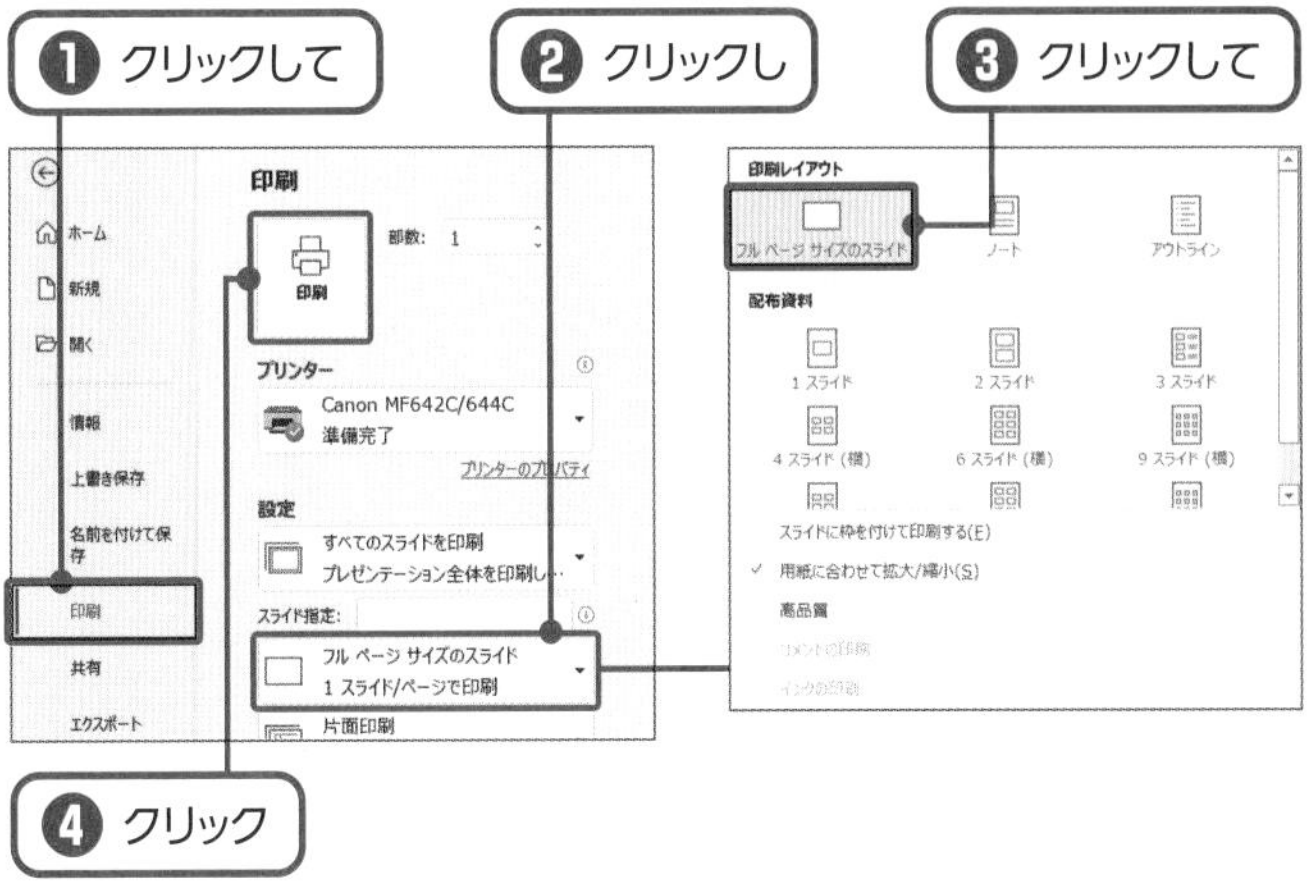

印刷プレビュー

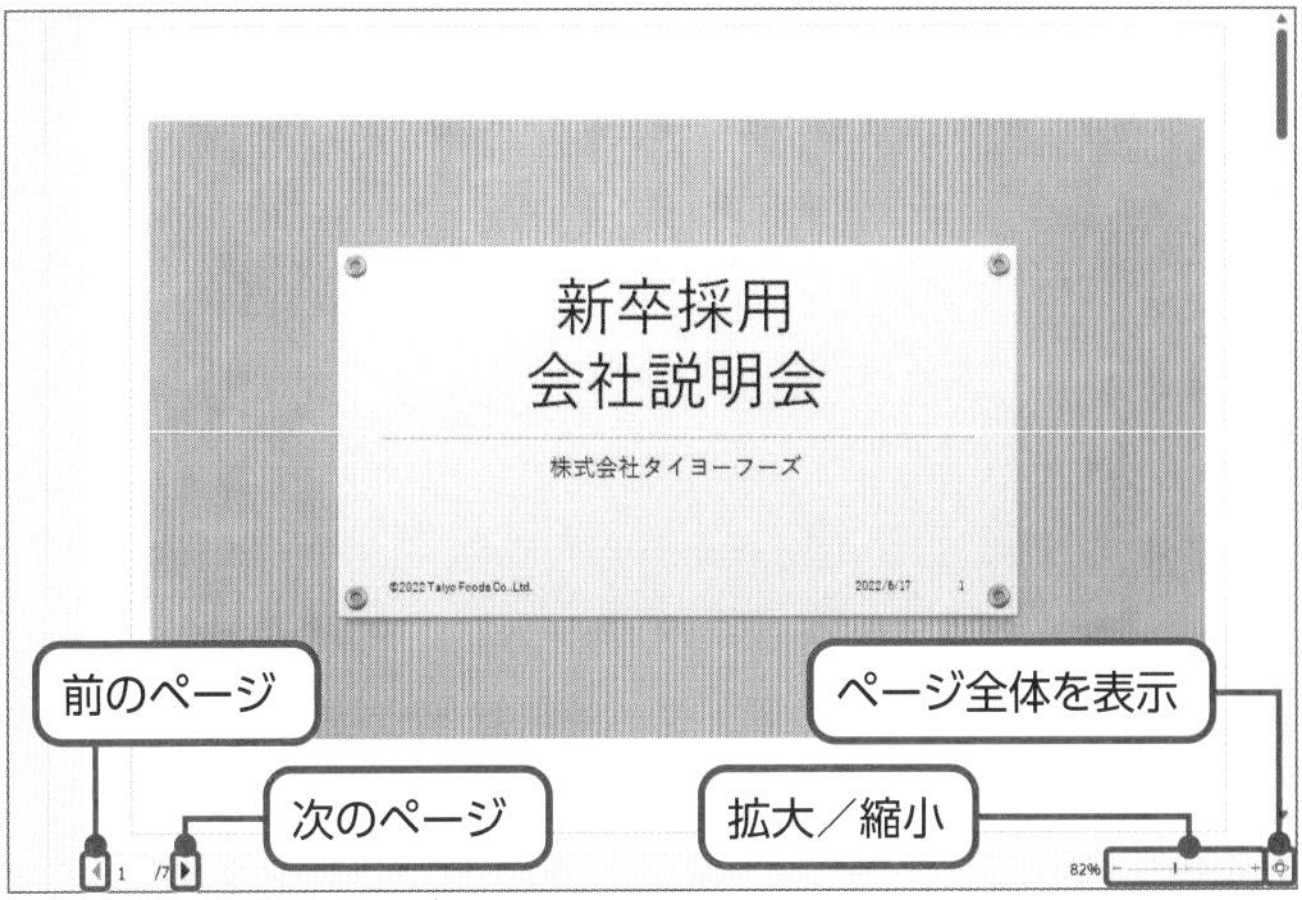

●印刷範囲やモノクロ印刷の設定をする

スライドの印刷範囲の指定は、［印刷］画面の［設定］の一番上のリストから行える。［**選択した部分を印刷**］はサムネイルウィンドウやスライド一覧表示モードで選択しているスライドを、［**現在のスライドを印刷**］は現在表示しているスライドだけを印刷する。また、［**ユーザー設定の範囲**］は、下の［スライド指定］のボックスに入力したスライド番号のスライドを印刷する。番号と番号の間は「，（カンマ）」で区切り、スライド番号が連続する範囲は、はじまりと終わりの番号を「-（ハイフン）」でつなげる。

スライドを**モノクロで印刷**する場合は、［印刷］画面の一番下のリストで、［**グレースケール**］または［**単純白黒**］を選択する。設定している色によっては、文字が読みづらくなることがあるので、その場合は、［表示］タブの［グレースケース］または［白黒］をクリックする。スライドがグレースケールや白黒で表示されるので、読みづらくなってしまったオブジェクトを選択し、［グレースケール］（［白黒］）タブの［選択したオブジェクトの変更］グループから、見やすくなる色を選択しよう。調整が終わったら、［グレースケール］（［白黒］）タブの［カラー表示に戻る］をクリックすると、表示が元に戻る。［グレースケール］（［白黒］）タブでオブジェクトの色を変更しても、カラーのときの色はそのままだ。

印刷の設定

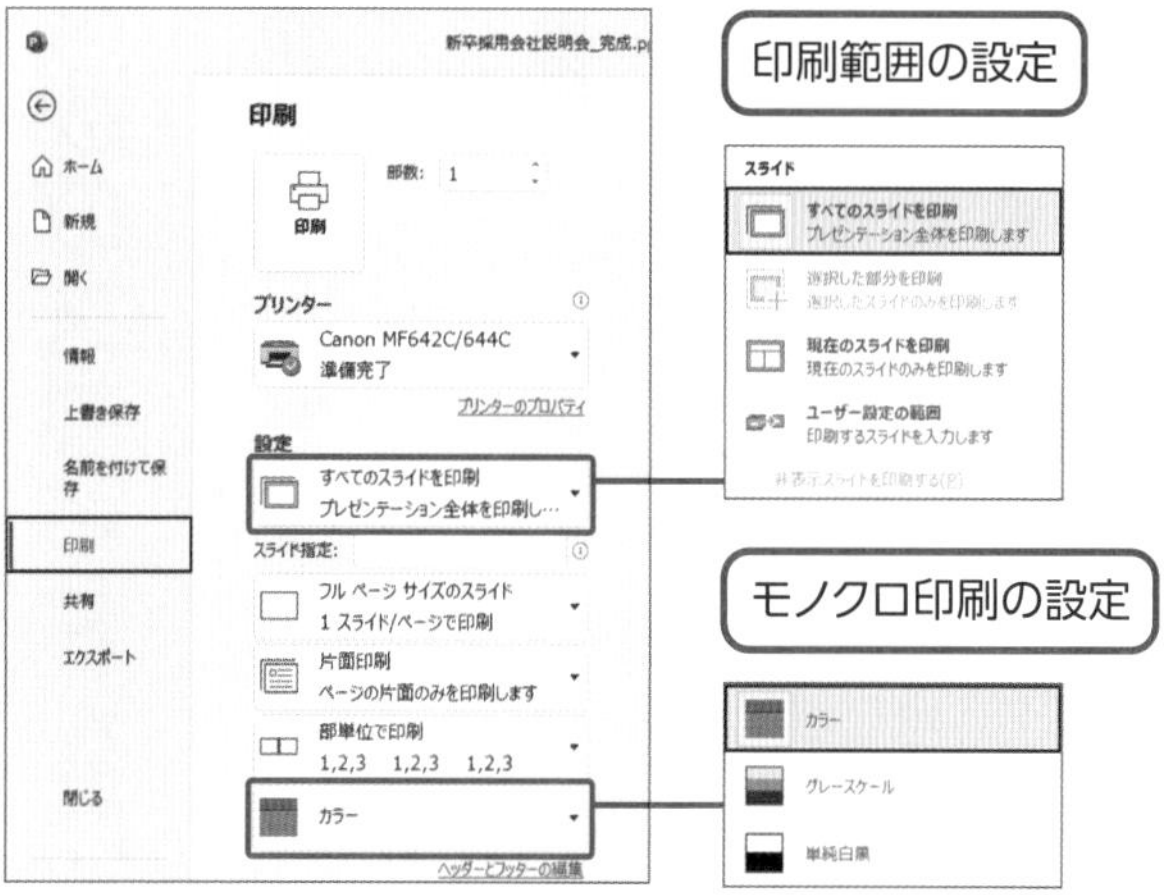

モノクロ印刷の調整

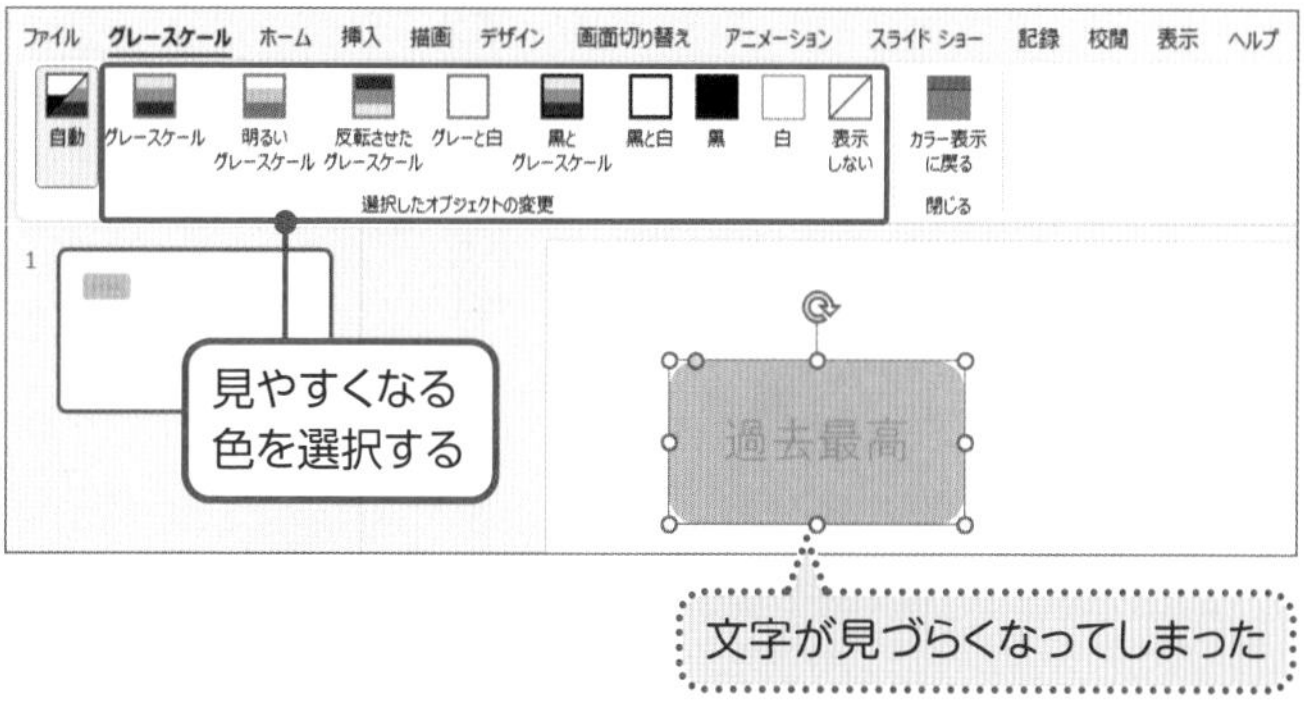

Section 36

1枚の用紙に複数のスライドを印刷する

配布資料を印刷する

スライドを1枚ずつ印刷したものを参加者に配布すると、参加人数によっては、印刷コストがかなりかかってしまう。このようなときは、**1枚の用紙に複数のスライドを配置して印刷**できる［**配布資料**］を利用する。

配布資料を印刷するには、［印刷］画面の印刷対象のリストで、［配布資料］グループから目的のレイアウトを選択する。1枚の用紙に配置するスライドの枚数と、スライドを並べる方向によって、9種類のレイアウトから選択できる。1枚の用紙に印刷できる最大のスライド枚数は9枚だが、スライドの文字が小さすぎて読めなくなってしまっては配布資料の意味がないので、判読できるかどうか必ず確認してから、必要部数を印刷しよう。

なお、［3スライド］のレイアウトを選択した場合のみ、スライドの横にメモ用の罫線が表示される。

配布資料の印刷

❶ クリックして

❷ クリックし

❸ レイアウトを選択して

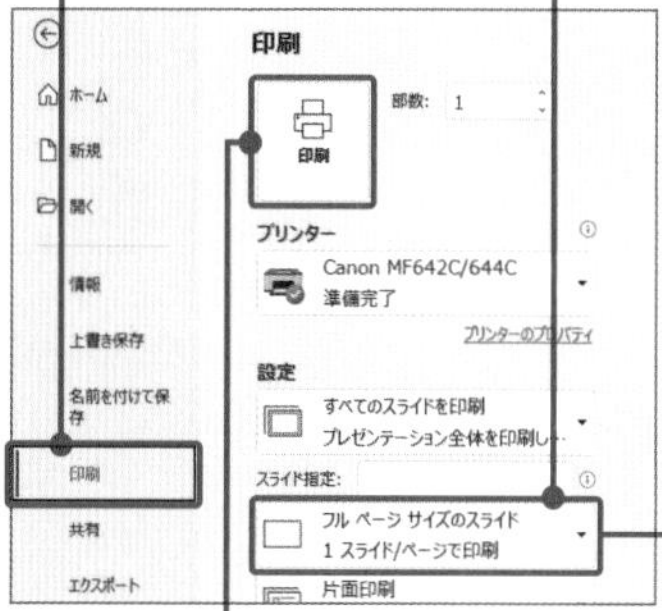

❹ クリックすると

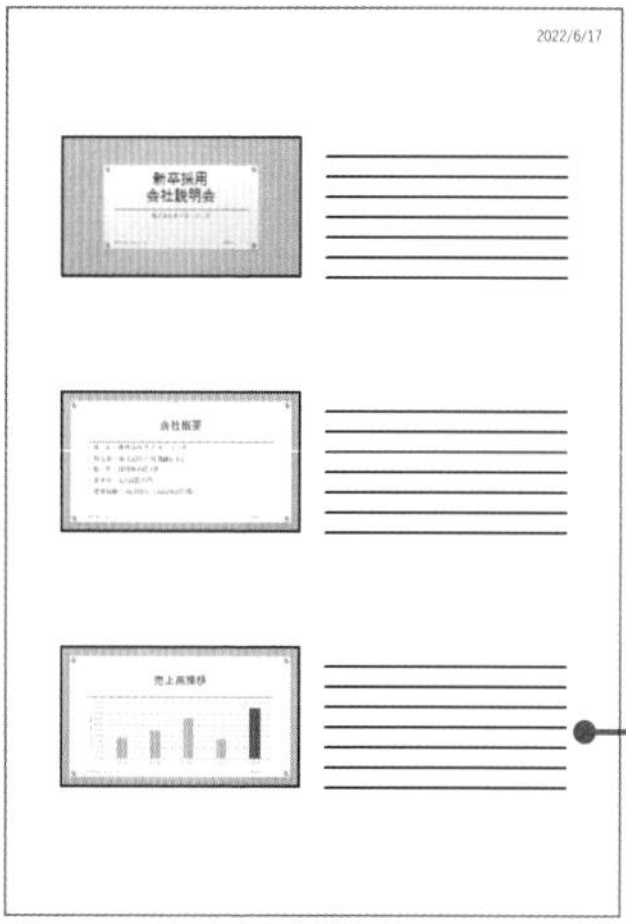

❺ 印刷される

[3スライド] の場合は罫線が表示される

●配布資料の余白に会社名や日付を印刷する

配布資料の余白には、**ヘッダーとフッター**を利用して、**日付**や**ページ番号**のほか、**会社名などの任意の文字列**を印刷することができる。

［印刷］画面で［ヘッダーとフッターの編集］をクリックすると、［ヘッダーとフッター］ダイアログボックスが表示されるので、［ノートと配布資料］をクリックし、印刷したい項目をオンにする。

［日付と時刻］は、［自動更新］を選択すると、プレゼンテーションを開いた日付と時刻が自動的に挿入される。また、表示形式や言語、カレンダーの種類も指定できる。任意の日付や時刻を入力する場合は、［固定］をクリックし、その下のボックスに日付や時刻を入力する。

ヘッダー（ページ上部）・フッター（ページ下部）に、会社名やタイトル、イベント名などの任意の文字を挿入したい場合は、該当する項目をオンにして、下のボックスに文字を入力する。

ヘッダー・フッターの設定が完了したら、［すべてに適用］をクリックすると、指定した項目がヘッダーとフッターに挿入される。もし、ページ番号などが表示されない場合は、印刷対象のリストで、［用紙に合わせて拡大／縮小］をオフにする。

配布資料のヘッダー・フッターの設定

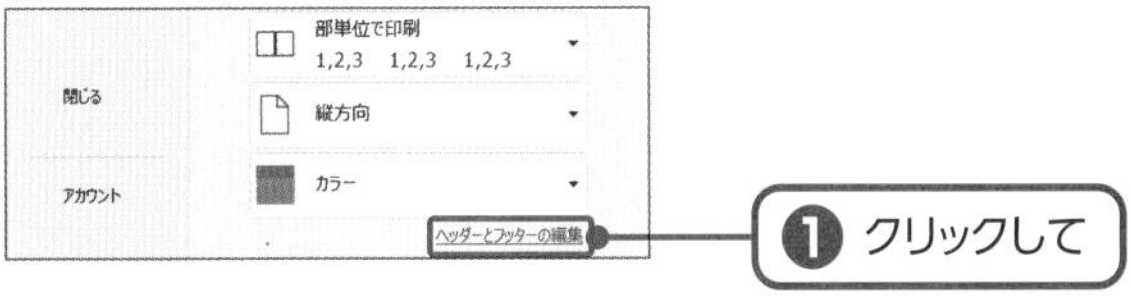

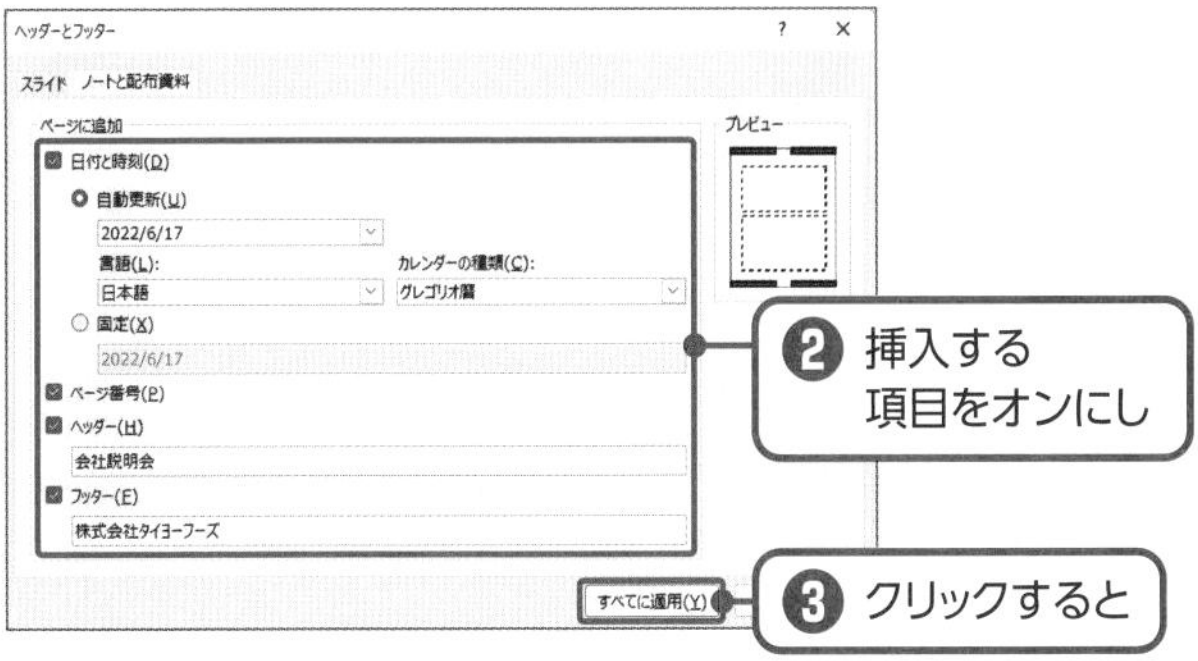

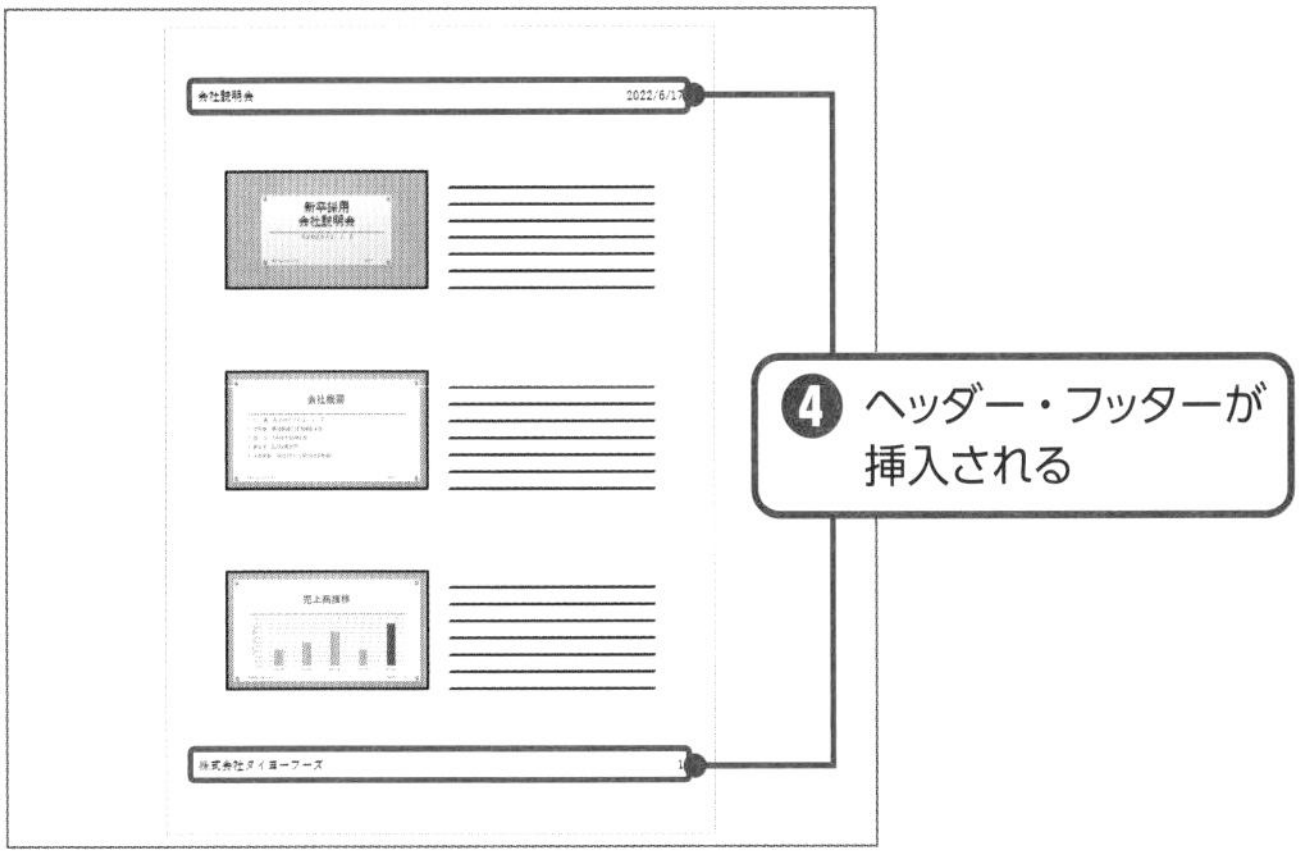

Section 37

スライドを発表者用のメモ付きで印刷する

ノートを印刷する

発表者用のメモとして入力した「**ノート**」（134ページ参照）は、**スライドとセットで印刷**することができる。既定のレイアウトは、用紙の上半分にスライド、下半分にそのスライドに該当するノートが配置される。ノートを印刷するには、［印刷］画面の印刷対象のリストで、［ノート］を選択する。

ノートも、配布資料の場合と同様の手順で、余白に**ヘッダーとフッター**を利用して、**日付**や**ページ番号**、**会社名などの任意の文字列**を印刷することができる（144ページ参照）。［印刷］画面で［ヘッダーとフッターの編集］をクリックすると、［ヘッダーとフッター］ダイアログボックスが表示されるので、［ノートと配布資料］をクリックし、印刷したい項目をオンにする。［すべてに適用］をクリックすると、すべてのページにヘッダーとフッターが挿入され、印刷プレビューでも確認できる。

ノートの印刷

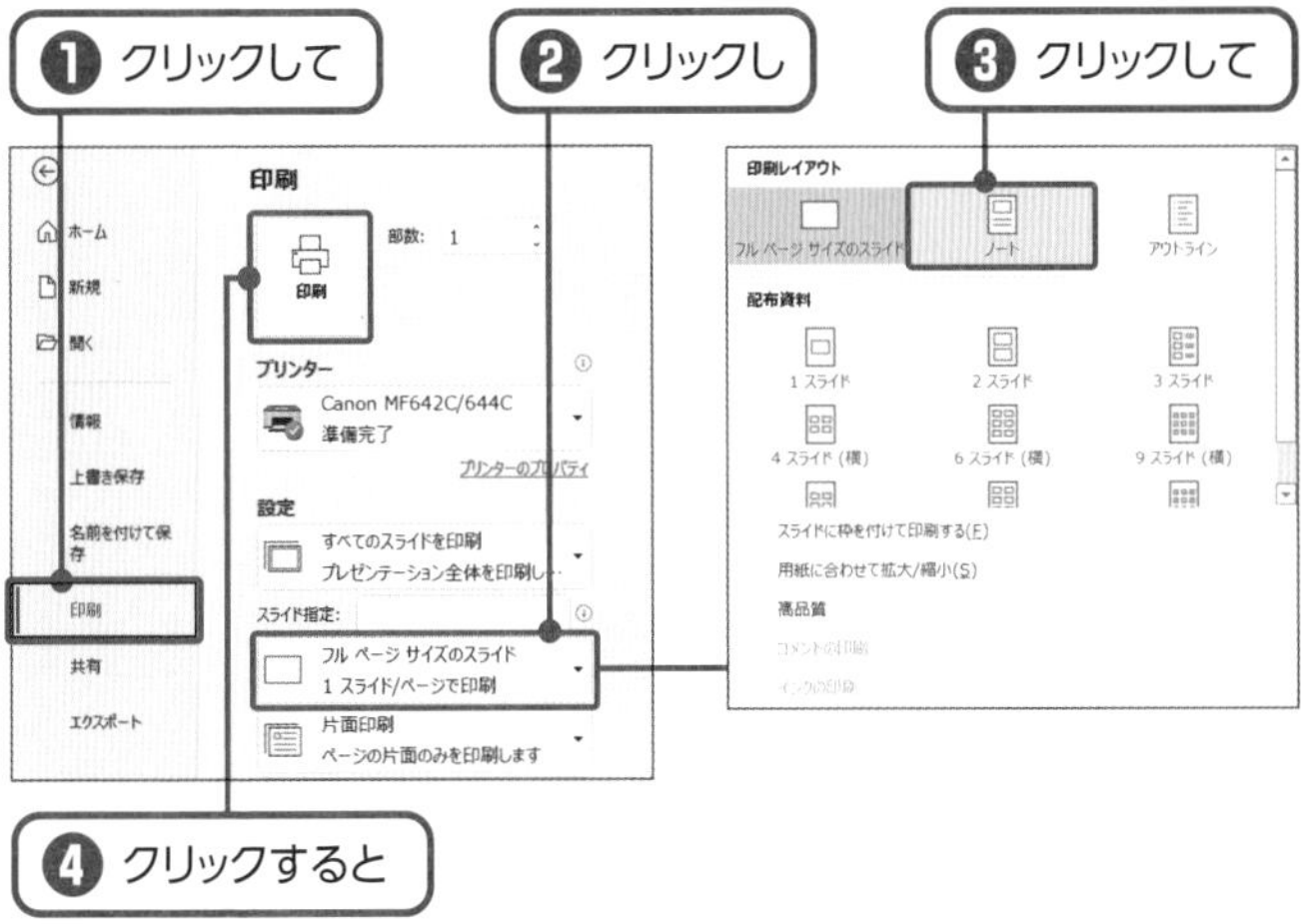
① クリックして
② クリックし
③ クリックして
④ クリックすると
印刷
印刷
部数: 1
プリンター
Canon MF642C/644C
準備完了
プリンターのプロパティ
設定
すべてのスライドを印刷
プレゼンテーション全体を印刷し…
スライド指定:
フル ページ サイズのスライド
1 スライド/ページで印刷
片面印刷
ページの片面のみを印刷します
ホーム
新規
開く
情報
上書き保存
名前を付けて保存
印刷
共有
エクスポート
印刷レイアウト
フル ページ サイズのスライド
ノート
アウトライン
配布資料
1 スライド
2 スライド
3 スライド
4 スライド（横）
6 スライド（横）
9 スライド（横）
スライドに枠を付けて印刷する(F)
用紙に合わせて拡大/縮小(S)
高品質

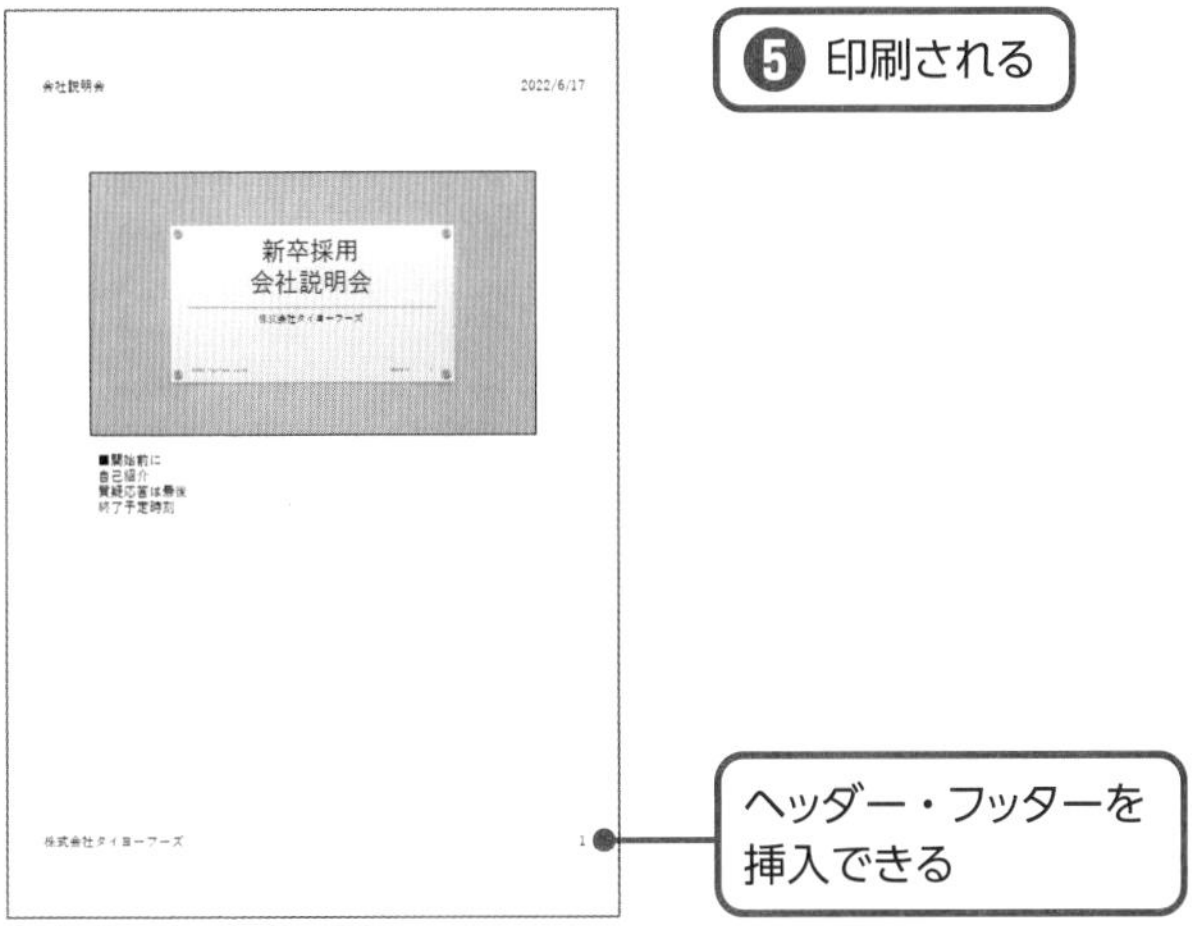
⑤ 印刷される
ヘッダー・フッターを挿入できる
会社説明会
2022/6/17
新卒採用
会社説明会
1

Section 38

スライドをＰＤＦ化して配布する

●プレゼンテーションをＰＤＦ形式で保存する

プレゼンテーションファイルは、**ＰＤＦ形式で保存**することができる。ＰＤＦファイルは、ウェブブラウザーなどで表示できるので、**パワーポイントがなくても閲覧**できるというメリットがある。また、環境の異なるパソコンでプレゼンテーションファイルを開くと、フォントが置き換わってしまったり、レイアウトが崩れてしまったりすることがあるが、ＰＤＦ形式で保存すれば、**異なる環境でも同じように表示**することが可能だ。

ＰＤＦ形式で保存するには、［ファイル］タブの［エクスポート］をクリックし、［ＰＤＦ／ＸＰＳドキュメントの作成］をクリックして、［ＰＤＦ／ＸＰＳの作成］をクリックする。［ＰＤＦまたはＸＰＳ形式で発行］ダイアログボックスが表示されるので、保存先とファイル名、品質を指定し、［発行］をクリックすると、ＰＤＦファイルが作成される。品質は、印刷する可能性があるときは［標準］を、印刷しない場合は［最小サイズ］を選択するとよい。

PDF形式で保存

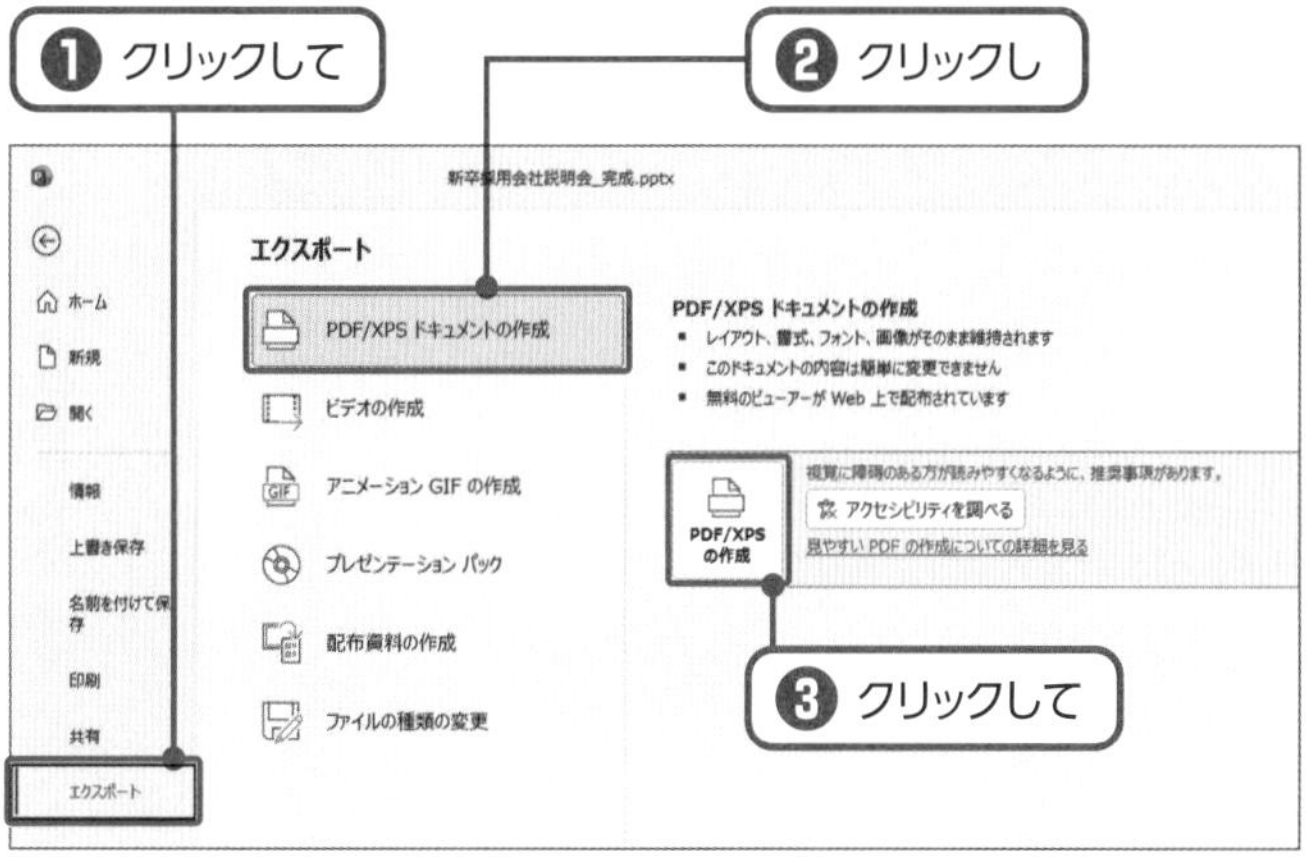

❶ クリックして
❷ クリックし
❸ クリックして
新卒採用会社説明会_完成.pptx
エクスポート
ホーム
新規
開く
情報
上書き保存
名前を付けて保存
印刷
共有
エクスポート
PDF/XPS ドキュメントの作成
ビデオの作成
アニメーション GIF の作成
プレゼンテーション パック
配布資料の作成
ファイルの種類の変更
PDF/XPS ドキュメントの作成
レイアウト、書式、フォント、画像がそのまま維持されます
このドキュメントの内容は簡単に変更できません
無料のビューアーが Web 上で配布されています
PDF/XPS の作成
アクセシビリティを調べる

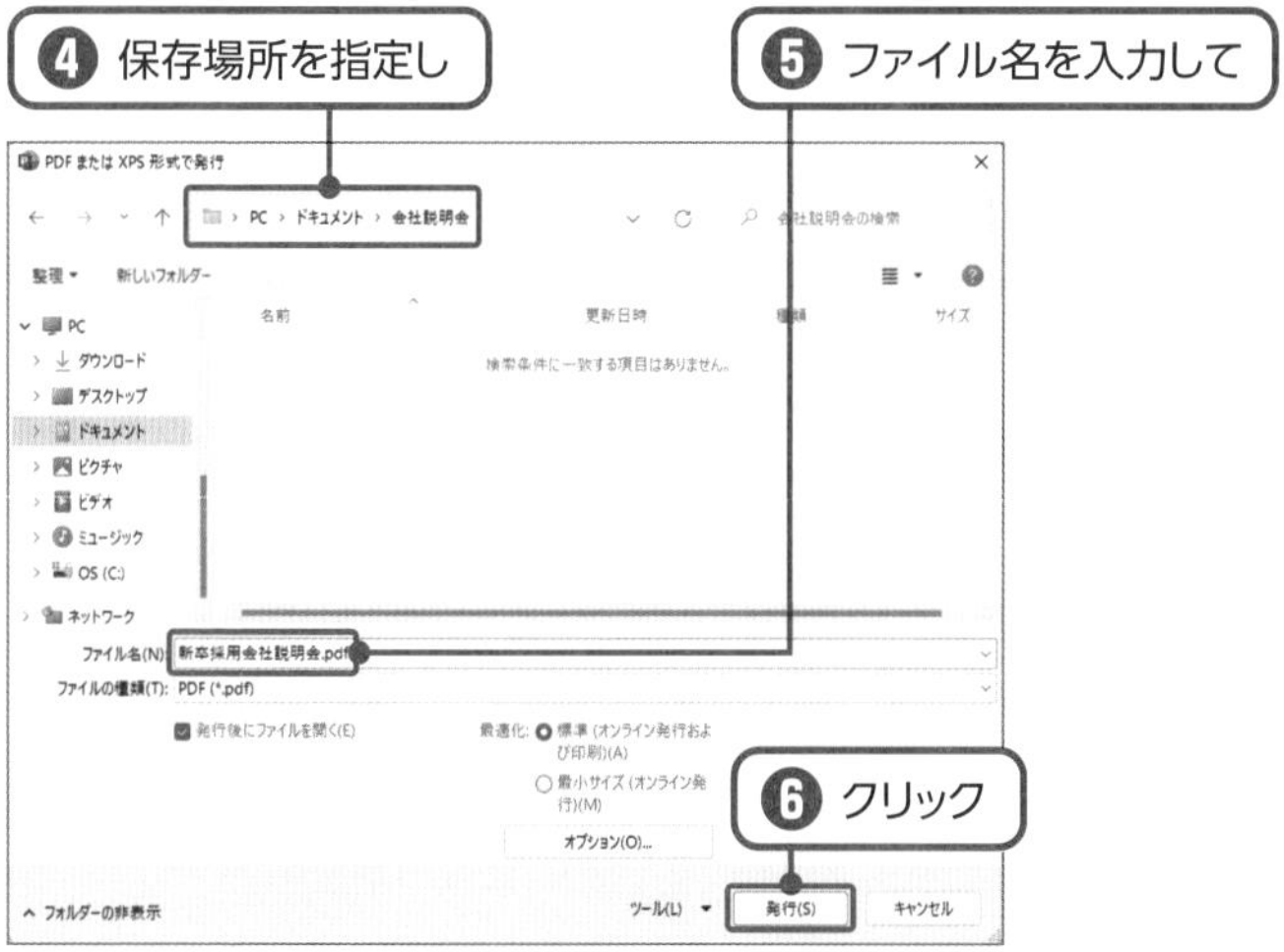

❹ 保存場所を指定し
❺ ファイル名を入力して
❻ クリック
PDF または XPS 形式で発行
PC › ドキュメント › 会社説明会
整理
新しいフォルダー
名前
更新日時
種類
サイズ
検索条件に一致する項目はありません。
PC
ダウンロード
デスクトップ
ドキュメント
ピクチャ
ビデオ
ミュージック
OS (C:)
ネットワーク
ファイル名(N): 新卒採用会社説明会.pdf
ファイルの種類(T): PDF (*.pdf)
発行後にファイルを開く(E)
最適化:
標準 (オンライン発行および印刷)(A)
最小サイズ (オンライン発行)(M)
オプション(O)...
フォルダーの非表示
ツール(L)
発行(S)
キャンセル

Section 39

プレゼン開始から終了までの流れ

●発表者ツールを使用してスライドショーを実行する

「スライドショー」とは、スライドを1枚ずつ表示していくことをいう。プレゼンテーションを行うときは、通常、スクリーンや外部モニターに参加者向けのスライドショーを表示し、発表者のパソコンに「発表者ツール」を表示する。発表者ツールを利用すると、発表者はスライドやノートなどをパソコンで確認しながら、プレゼンテーションを行うことができる。

プレゼンテーションをはじめる前に、パソコンとプロジェクターや外部モニターを接続する。［スライドショー］タブの［発表者ツールを使用する］をオンにして、［最初から］をクリックすると、スライドショーが実行される。プロジェクターや外部モニターにはスライドショーが、パソコンには発表者ツールが表示される。スライドショーが表示されない場合は、パソコンと正しく接続されているか確認し、［スライドショー］タブの［モニター］で、スライドショーを表示させるモニターを指定する。

スライドショーの実行

パソコンとプロジェクター(外部モニター)を接続する

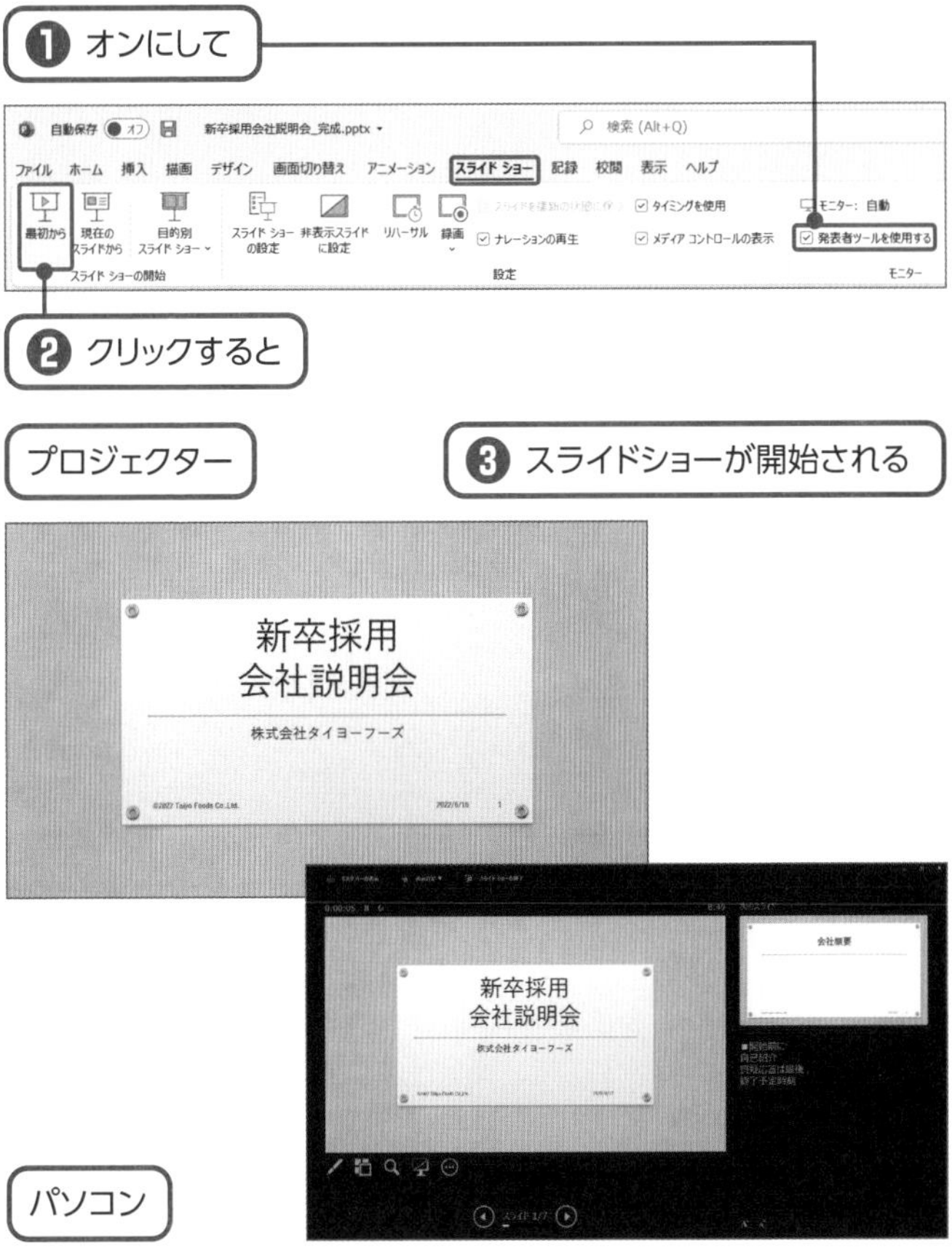

●スライドショーを進行する

スライドショーを開始するには、［スライドショー］タブの［最初から］をクリックする方法のほか、F5を押す方法がある。また、ウィンドウ右下の［スライドショー］をクリックすると、現在のスライドからスライドショーが開始される。

あらかじめスライドが切り替わるタイミング（112ページ参照）や、アニメーションが再生されるタイミング（120ページ参照）を設定している場合、スライドショー実行中は、指定した時間が経過したら、自動的にスライドが切り替わったり、アニメーションが再生されたりする。設定していない場合は、発表者ツールで**スライド上をクリック**するか、**Space**または**Enter**を押すと、**スライドが切り替わったり、アニメーションが再生されたりする**。最後のスライドが終わるまでスライドをクリックして、スライドショーを進行していく。スライドショーが終了すると、「スライドショーの最後です」という黒い画面が表示されるので、さらにスライドをクリックすると、編集画面に戻る。

スライドショーの途中で一時停止したい場合は、発表者ツールのをクリックするか、Sを押す。をクリックするか、再度Sを押すと、スライドショーが再開される。

また、スライドショーを途中で停止するには、発表者ツールの［スライドショーの終了］をクリックするか、Escを押す。

スライドショーの進行

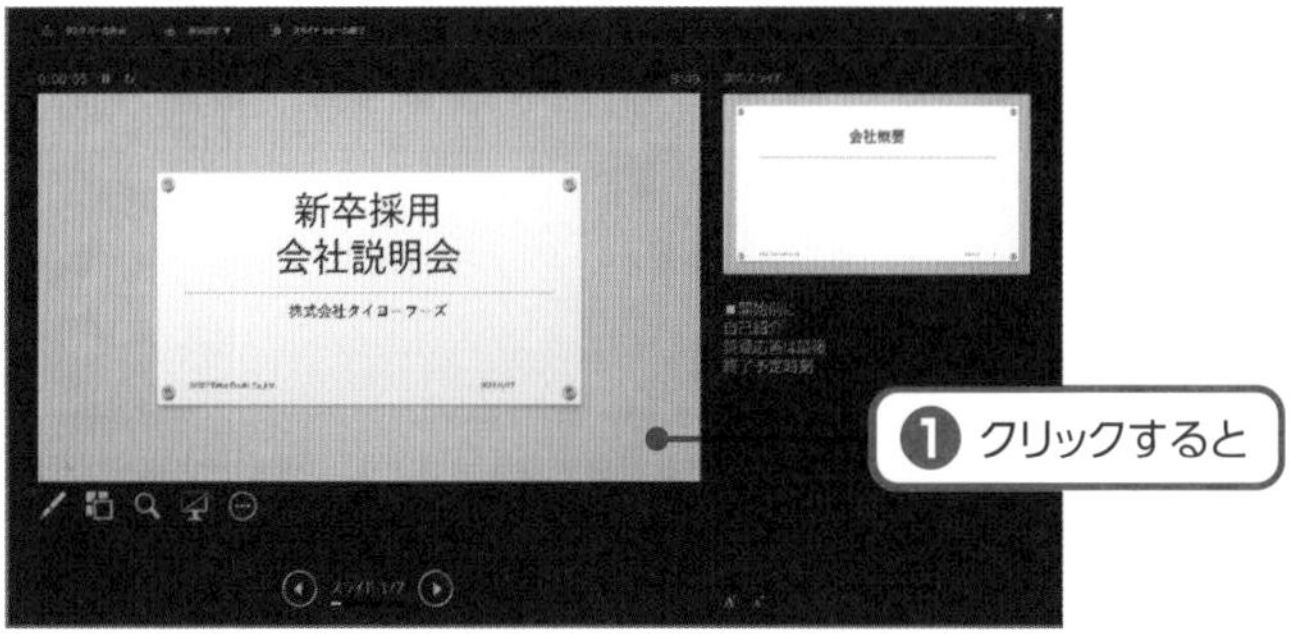
新卒採用
会社説明会
株式会社タイヨーフーズ
会社概要
❶ クリックすると

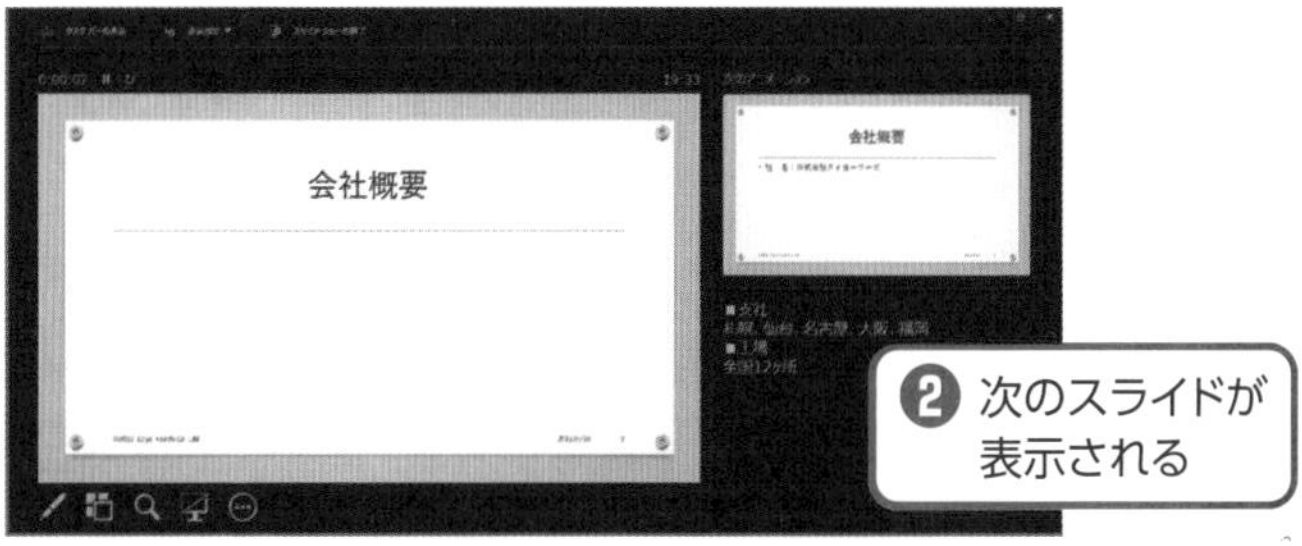
会社概要
❷ 次のスライドが
表示される

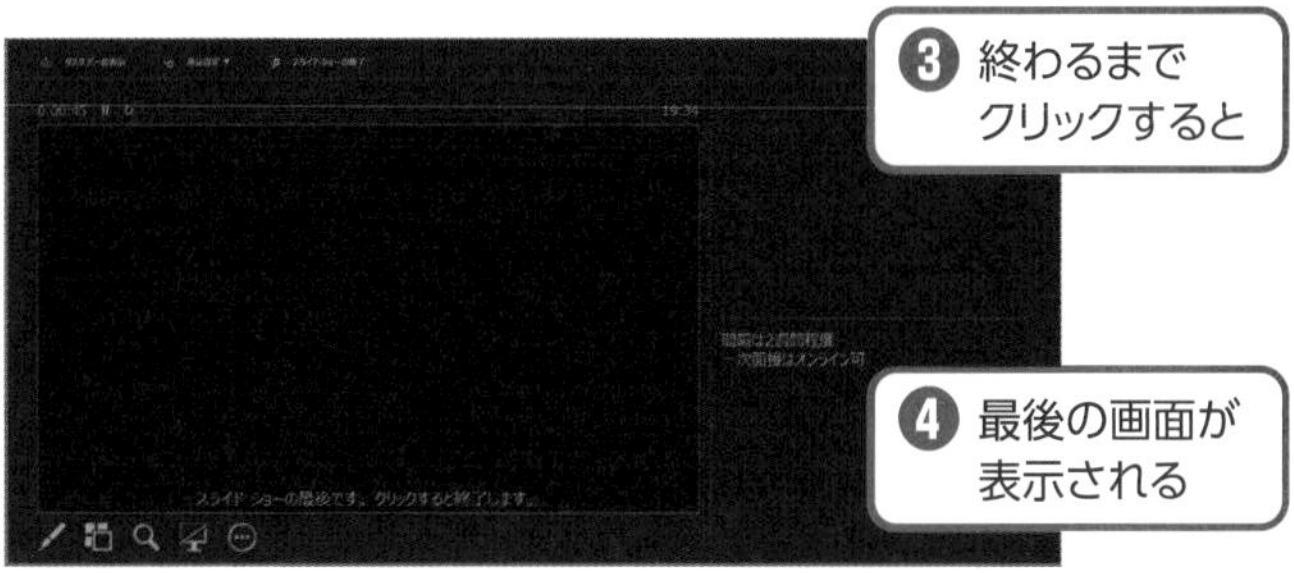
❸ 終わるまで
クリックすると
❹ 最後の画面が
表示される

●スライドショー実行中のテクニック

スライドショー実行中は、ただ話してスライドを切り替えるだけでなく、さまざまな操作も必要になる。

スライドにペンで書き込むには、発表者ツールの をクリックして、ペンの種類を「ペン」または「蛍光ペン」から選択する。ペンの色を変えたい場合は、 をクリックして、「インクの色」をポイントし、目的の色をクリックする。発表者ツールでスライド上をドラッグすると書き込むことができ、Esc を押すとマウスポインターの形が元に戻る。スライドショーの最後の黒い画面でクリックして終了しようとすると、「インク注釈を保持しますか?」というメッセージが表示されるので、「保持」をクリックすると書き込みが保持される。

特定のスライドに表示を切り替えるには、発表者ツールの をクリックすると、スライドの一覧が表示されるので、目的のスライドをクリックする。

また、**スライドショーの途中で黒い画面を表示させる**こともできる。発表者ツールの をクリックするか B を押すと、スライドショーが一時停止し、黒い画面が表示される。 をクリックするか B を押すと、スライドショーが再開される。なお、W を押すと、黒い画面の代わりに**白い画面が表示**される。

スライドへのペンでの書き込み

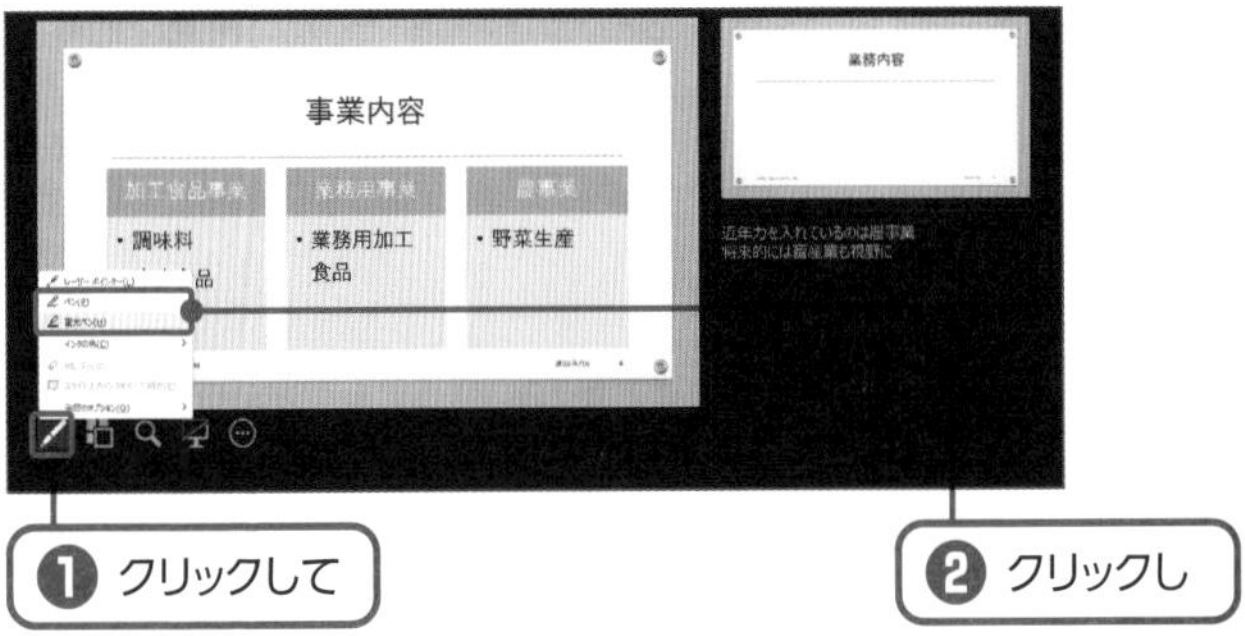

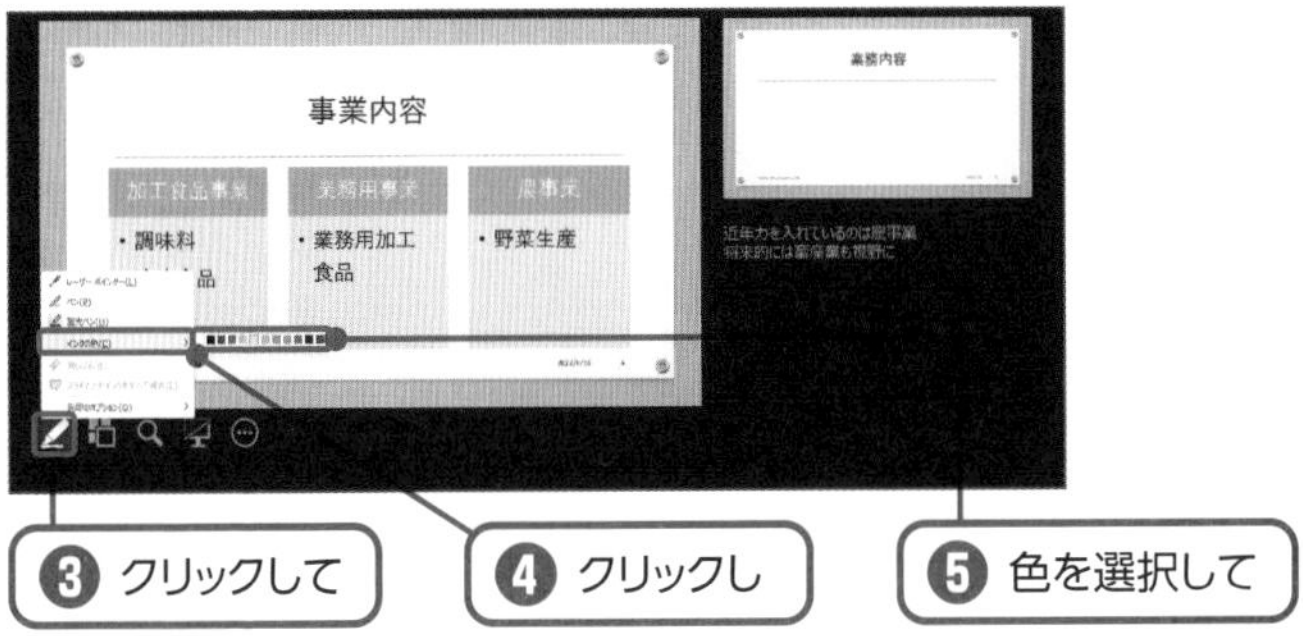

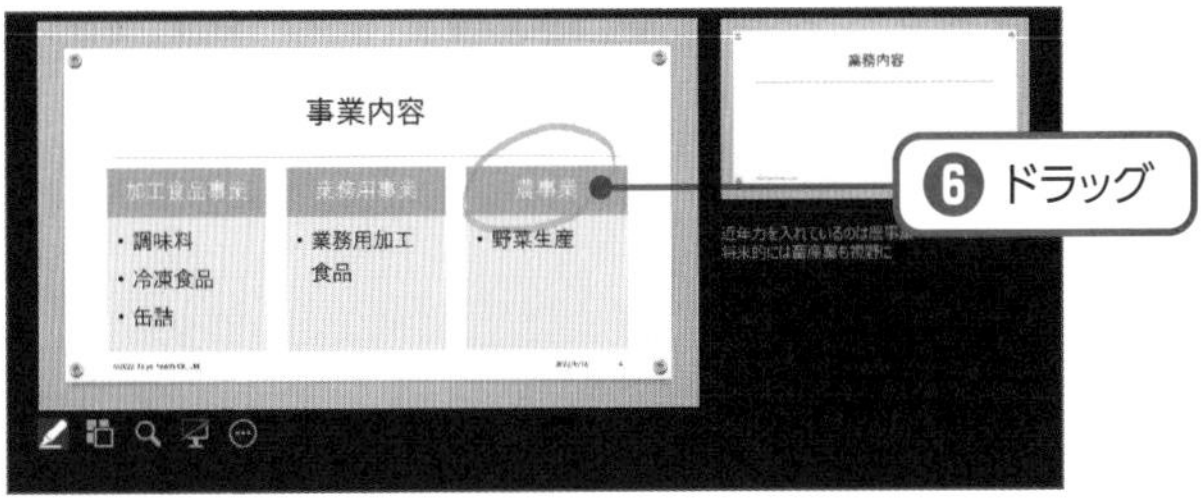

Section 40

発表者ツールの見方

●スライドショーに必要な操作は発表者ツールで

発表者ツールでは、スライドショーに必要な操作を行うことができる。プロジェクターや外部モニターに発表者ツールが表示されてしまう場合は、発表者ツールの画面上の［表示設定］をクリックして、［発表者ツールとスライドショーの切り替え］をクリックし、表示を切り替える。

発表者ツールの画面に一番大きく表示されるのは、現在のスライドだ。右側には次のスライドまたはアニメーションが、その下にはノートが表示される。現在のスライドの左下には、スライドへの書き込みや、スライドの拡大など、さまざまな操作を行えるツールが用意されている。また、スライドショー開始からの経過時間や、現在の時刻なども表示される。

本番前に発表者ツールを使ってみて、操作に慣れておこう。

発表者ツールの利用

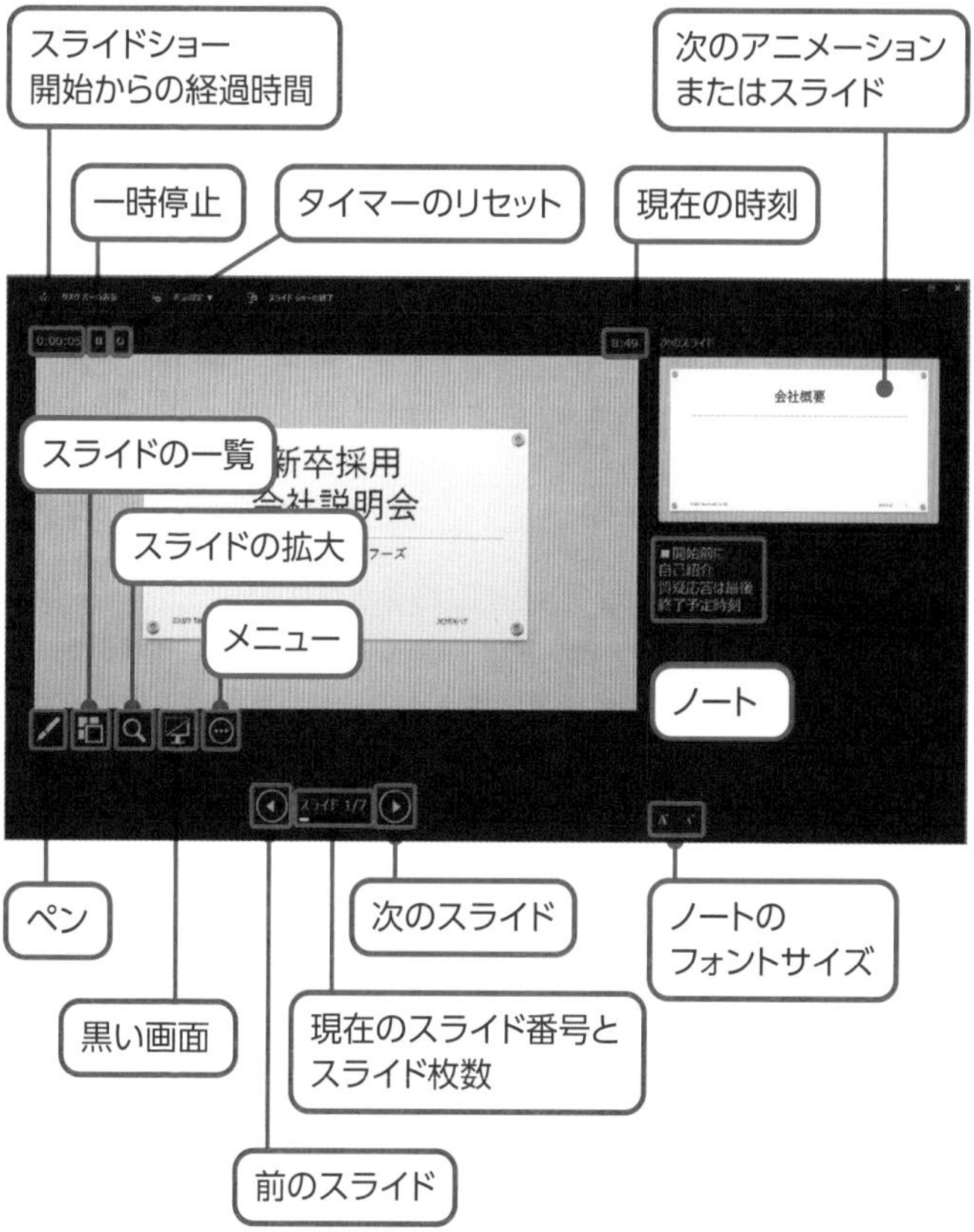

スライドショー
開始からの経過時間
次のアニメーション
またはスライド
一時停止
タイマーのリセット
現在の時刻
会社概要
スライドの一覧
新卒採用
会社説明会
スライドの拡大
メニュー
ノート
ペン
次のスライド
ノートの
フォントサイズ
黒い画面
現在のスライド番号と
スライド枚数
前のスライド

Column

スライドショーのヘルプの表示

［スライドショーのヘルプ］ダイアログボックスには、スライドショー実行中に利用できるショートカットキーが記載されている。操作はメニューからも行えるが、ショートカットキーのほうが素早く操作できるので、なるべく覚えておこう。

発表者ツールまたはスライドショー表示で をクリックし、［ヘルプ］をクリックすると表示できる。

● ［スライドショーのヘルプ］ダイアログボックス

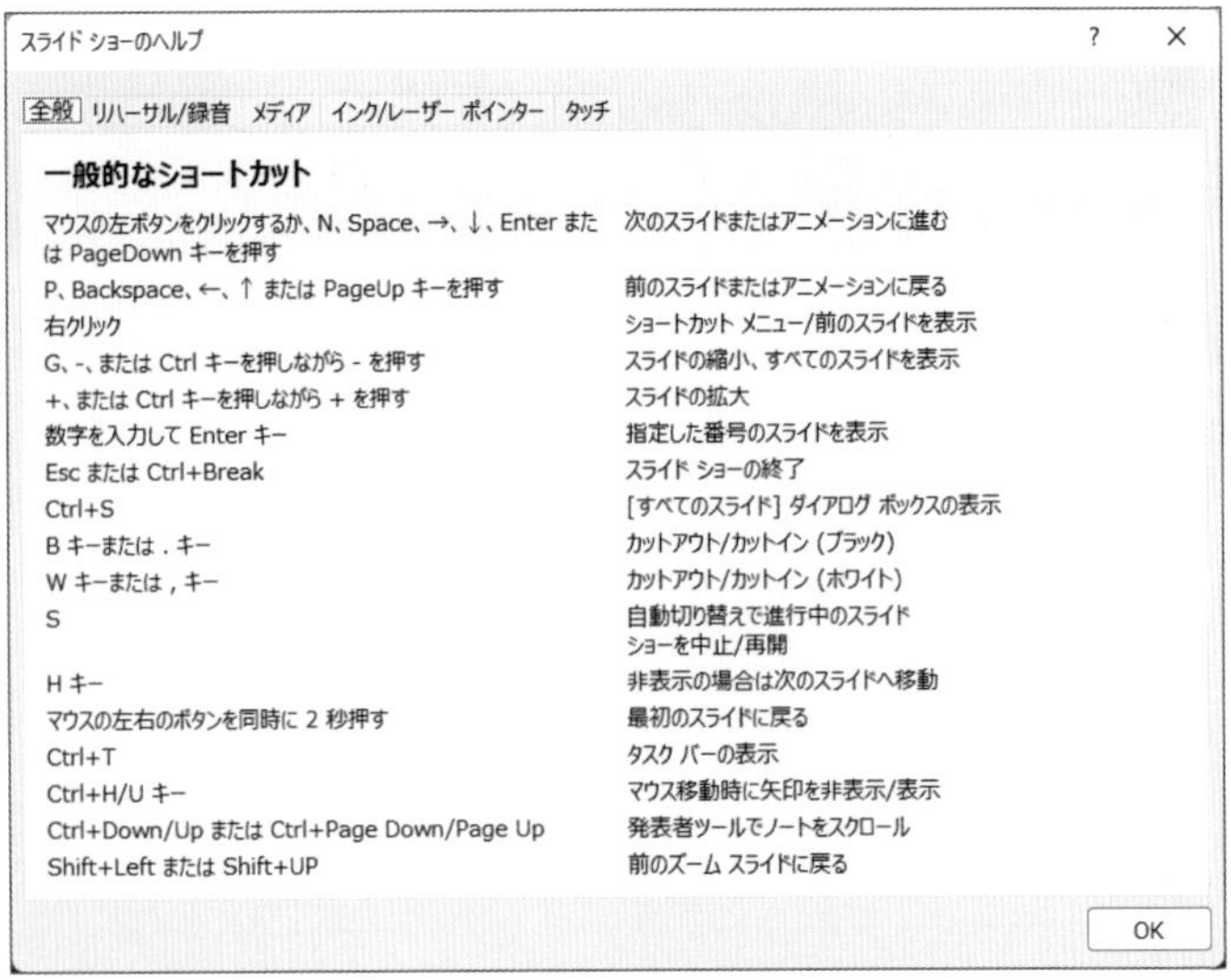

索引

お問い合わせについて

本書に関するご質問については、本書に記載されている内容に関するもののみとさせていただきます。本書の内容と関係のないご質問につきましては、一切お答えできませんので、あらかじめご了承ください。また、電話でのご質問は受け付けておりませんので、必ずFAXか書面にて下記までお送りください。
なお、ご質問の際には、必ず以下の項目を明記していただきますようお願いいたします。

1 お名前
2 返信先の住所またはFAX番号
3 書名
（スピードマスター　1時間でわかる　パワーポイント　～スライド作り&プレゼンはこれでカンペキ!）
4 本書の該当ページ
5 ご使用のOSとソフトウェアのバージョン
6 ご質問内容

なお、お送りいただいたご質問には、できる限り迅速にお答えできるよう努力いたしておりますが、場合によってはお答えするまでに時間がかかることがあります。あらかじめご了承くださいますよう、お願いいたします。
ご質問の際に記載いただきました個人情報は、回答後速やかに破棄させていただきます。

〒162-0846
東京都新宿区市谷左内町21-13
株式会社技術評論社　書籍編集部
「スピードマスター　1時間でわかる
パワーポイント　～スライド作り&プレゼンはこれでカンペキ!」
質問係
FAX：03-3513-6167
URL：https://book.gihyo.jp/116

お問い合わせの例

FAX

1 お名前
技術　太郎
2 返信先の住所またはFAX番号
03-XXXX-XXXX
3 書名
スピードマスター　1時間でわかる
パワーポイント　～スライド作り&プレゼンは
これでカンペキ!
4 本書の該当ページ
117 ページ
5 ご使用のOSとソフトウェアのバージョン
Windows 11
PowerPoint 2021
6 ご質問内容
メニューが表示されない。

スピードマスター
1時間《じかん》でわかる　パワーポイント
～スライド作《づく》り&プレゼンはこれでカンペキ!

2022年9月6日　初版　第1刷発行

著　者　稲村《いなむら》 暢子《のぶこ》
発行者　片岡　巌
発行所　株式会社　技術評論社
東京都新宿区市谷左内町21-13
電話　03-3513-6150　販売促進部
03-3513-6160　書籍編集部
担当　春原 正彦
装丁／本文デザイン　クオルデザイン　坂本真一郎
イラスト／株式会社アット　イラスト工房
DTP　稲村 暢子
製本／印刷　株式会社　加藤文明社

定価はカバーに表示してあります。

ISBN978-4-297-12940-8 C3055
Printed in Japan